江西信江航运枢纽工程项目科研课题（2019C0003）
国家自然科学基金项目（52269018，52109090）
江西省科技厅项目（20202BBGL73094，20212BDH81002，20232ACB204030）



# 八字嘴航电枢纽工程水域鱼类栖息地特征及生态调度研究

▶ 主编◎章立辰　王可可　计　勇

江西高校出版社
JIANGXI UNIVERSITIES AND COLLEGES PRESS

图书在版编目(CIP)数据

八字嘴航电枢纽工程水域鱼类栖息地特征及生态调度研究/章立辰,王可可,计勇主编. --南昌:江西高校出版社,2023.11

ISBN 978-7-5762-2559-4

Ⅰ.①八… Ⅱ.①章… ②王… ③计… Ⅲ.①水利枢纽—内河航道—鱼类—栖息环境—研究—江西 Ⅳ.①Q959.4

中国国家版本馆CIP数据核字(2023)第204164号

| | |
|---|---|
| 出版发行 | 江西高校出版社 |
| 社址 | 江西省南昌市洪都北大道96号 |
| 总编室电话 | (0791)88504319 |
| 销售电话 | (0791)88522516 |
| 网址 | www.juacp.com |
| 印刷 | 江西新华印刷发展集团有限公司 |
| 经销 | 全国新华书店 |
| 开本 | 700mm×1000mm 1/16 |
| 印张 | 9.75 |
| 字数 | 150千字 |
| 版次 | 2023年11月第1版 |
| | 2023年11月第1次印刷 |
| 书号 | ISBN 978-7-5762-2559-4 |
| 定价 | 68.00元 |

赣版权登字-07-2023-749

# 前言

河流生态系统是一个复杂、开放、动态、非平衡和非线性系统，具有鲜明的组成特征和独特的结构特征。河流生态系统中，水动力特征及水文情势是一个经常改变的环境条件，其在维持河流生态系统的完整性和物种多样性上起到了至关重要的作用。水文情势中的径流量大小、频率、持续时间和变化率对河流生态系统都有明显的影响。流量作为河流生态系统中最重要、最基本的生境因子，不仅可以保障河流生态系统的平衡，还可以为其他生境因子的变化提供驱动力，独特的流量特征形成了独特的河流生态系统种群分布。

水利枢纽工程的开发建设可以充分开发利用水资源，但不合理的开发与调试方案会加剧水体富营养化、湿地萎缩、生物栖息地丧失等一系列生态环境问题。水利工程的建设直接改变了河流的横向和纵向连通性，改变了流态和泥沙输移，从而影响水生生物多样性和生产力。水电开发导致河流环境发生改变，鱼类群落的种类和功能组成也发生了变化。不合理的开发方式将会对鱼类等种群产生显著的影响，如阻断河流，使得鱼类生态破碎度不断增大，影响鱼类原本正常的生存条件。

信江流域位于江西省东北部，是鄱阳湖水系五大河流之一，发源于浙赣边界怀玉山，干流河道全长328 km，域面积为16890 $km^2$。为实现信江国家高等级航道的规划目标，信江河口至褚溪河口244 km河段规划三级渠化结合航道整治达到Ⅲ级航道标准。《江西省“十三五”综合交通运输体系发展规划》将八字嘴航电枢纽工程列入港航重点工程。枢纽建设不可避免地改变了信江下游河流的天然水文节律，影响该地区生物的栖息水域及生活习性，对枢纽建设河段的生态环境带来深远影响。

本书以信江中下游黄金埠镇西南部某河段为研究区域，以该区域内的顺直分汊河道为研究对象，构建二维水动力模型，对研究区域内梅港水文站收集的断面实测水位和计算得到的模拟水位进行率定验证；设定丰、平、枯水期三个阶段的平均流量为计算工况，分析研究该分汊河道的水动力特性；通过改变江心洲洲头分汊角，分析分汊角的变化对该分汊河道水动力特性的影响；借助二维数学模型分析该分汊河道的河床演变趋势。

在此基础上，本书为分析八字嘴航电枢纽建设对信江水文情势及生态流量的影响，进一步运用MIKE11建立枢纽河段一维水动力模型，模拟研究区域枢纽建设前后典型年河流水文情势变化过程；同时结合生态水文学理论，运用IHA水文改变指标——月流量变化、年极端流量、高低流量、流量变化率及频率五类共32项参数，定量评估水利枢纽建设前后信江水文情势变化程度。基于经济、生态等多目标综合效益，本书建立了八字嘴航电枢纽优化调度评价模型，采用遗传算法计算并设计出具体可行的生态调度方案，为信江八字嘴航电枢纽建成后的管理运行提供科学合理的调度方案。

本书共有八章，其中章立辰撰写概述与区域概况，张越与岑奕兴负责模型的运算，王可可提供区域河床地质资料并进行稳定性分析，计勇撰写水文情势与生态流量分析，王萍根、肖伟奇、史艳萍、丁锟奇负责水文气象资料的整编以及全书的校对。本书编写过程中参考了许多学者的著作和论文，在此谨向他们表示诚挚的感谢。本书的出版获得了江西省交通运输厅科技项目、国家自然科学基金等项目的资助，在此也表示诚挚的感谢！书中不妥及错误之处难免，恳请读者提出宝贵意见。

著者

2023 年 6 月

# 目录 CONTENTS

# 1 绪 论

## 1.1 课题来源、背景及意义

### 1.1.1 课题来源

本选题依托于江西信江航运枢纽工程项目科研课题：信江航运枢纽水域鱼类栖息地特征及生态调度研究（2019C0003）。

### 1.1.2 研究背景

河流从古至今承载着人类社会发展的历史[1]。水资源作为重要的战略资源之一，在支撑社会及经济发展的同时维持着水生态系统的健康[2]。然而，天然河道中的水流状态并不能完全满足国民生产生活需要。为促进社会经济的迅速发展，自然资源开采与使用程度日益提高，各地建造水利枢纽的数量呈上升趋势，在满足发电、灌溉、航运等需求的同时，也对江河湖泊的生态环境造成了不同程度的影响[3]。由于水利枢纽的拦蓄作用改变了河流的天然水文情势，再加上不合理的调节方法忽视了河道的生态功能，导致水域内主要物种的生存条件发生变化[4,5]。如何在发挥水利枢纽积极效应的同时减少其对河流生态环境的负面影响是目前亟待解决的问题。

为发挥水利枢纽运行调度对河流生态环境的补偿作用，国内外专家学者开展了大量的相关研究，目前针对河流生态补偿方式主要有工程措施及非工程措施两类[6]。其中工程措施包括改善水利枢纽的规划设计方法，使工程在满足经济发展需要的同时保持河流生态健康及可持续发展[7]。在此基础上，专家学者们从各种视角提出了生态调度的定义，如 Symphorian 等人提出了生态调度是在符合人类社会对自然资源要求的情况下，尽量满足生态系统所需用水特点的水利枢纽调节方法[8]。程根伟将生态调度定义为在充分考虑河道水动力及物质输移特性的前提下，结合水利枢纽调节性能，在恰当的时间下泄和存储上游来水,协调径流过程并提高河流健康程度[9]。不同于传统的水利枢纽调度方式,生态调度把指示物种、泥沙、水质等生态目标作为调度方案设计的参考因素,统筹协调各项功能,在最大程度发挥枢纽本身防洪、发电、航运等功能的同时降低工程建设运行对河流生态的破坏,实现河流健康。目前,生态调度已成为水利工程对河湖环境保护调度补偿的重要措施,也是当前的研究热点。

信江属鄱阳湖水系,是长江流域的重要组成部分,是鄱阳湖水系五大河流之一,发源于浙赣边界,拥有丰富的水生生物资源[10];流域面积达 16890 $km^2$,其中江汉口西省内面积 15871 $km^2$,约占全省面积的 9.5%,干流河道全长 328 km,是江西省内上饶、鹰潭等市的重要行洪通道。干流发源于浙赣边境的怀玉山,汉口自东向西流经江西省的玉山、上饶、铅山、弋阳、贵溪、鹰潭等市县,在余干县(八字嘴)分东、西两支注入鄱阳湖,是鄱阳湖的重要航道。信江连通了江西东北部地区,是该地区的重要运输通道。该地区矿产资源丰富,有较好的工业基础,工业门类比较齐全,有良好的经济社会发展势头。较好的经济社会发展势头使得人们对信江高等级航道的开发与利用提出了更高的要求,但由于信江常年缺乏治理,一定程度上降低了河道的行洪功能,阻碍了航道的发展。

信江流域水能资源丰富,在江西省能源发展战略中具有重要作用,科学开发和合理利用信江流域水能资源,改善航道通航条件,对平稳持续促进江西地区经济又好又快、可持续发展具有重要意义。近年来,信江水质污染问题日益突出,受局部河流自然生态破坏及入江污染加剧等影响,信江水质变差、生态环境退化等一系列问题,直接威胁沿江及流域供水安全和生态系统安全,制约流域经济社会可持续发展,严重影响全面小康社会建设和流域经济社会的现代化。当前,信江流域经济社会发展快速,对水能资源开发利用以及航道改善提出前所未有的要求。

近年来,随着经济社会的发展和人民群众的生活水平提高,人们对水资源的需求越来越高,对河流生境条件越来越重视。水流通过影响溶氧、营养、水温等要素作用于鱼类栖息地,而鱼类栖息地是鱼类进行摄食、繁殖、越冬等重要生命活动的场所,保持栖息地的功能完整性是鱼类自然种群延续的基础。鄱阳湖是以四大家鱼(青鱼、草鱼、鲢、鳙)为代表的洄游性鱼类的主要繁殖场所。其中,以四大家鱼为主的鱼类资源作为当地渔业发展重要的经济来源,其生存环境及繁殖条件备受关注[11]。八字嘴航电枢纽建设后能有效提升信江航道服务能力和交通基础设施供给能力,满足腹地货运发展需求。然而,四大家鱼的繁殖发育需要河流提供一定流量及高流量脉冲条件作为产卵信号,八字嘴航电枢纽的建设不可避免地改变了信江下游河流的天然水文节律,弱化了丰水期洪峰流量,影响了四大家鱼的生活习性及产卵条件,会对当地的生态环境及鱼类资源造成一定的破坏。所以做好信江流域水生态综合管理,建立一维水动力模型并结合 IHA 法分析八字嘴航电枢纽区域流域的水文情势变化,以此为依据设计多目标优化调度方案评价模型,选取科学合理的生态调度方案,开展八字嘴航电枢纽工程水域鱼类栖息地特征及生态调度研究是十分必要的。

### 1.1.3 研究意义

目前针对信江流域的研究成果主要有洪水预报、水质监测、承载力计算及坝体冲刷计算等[12-15],缺少对该区域水利枢纽建设后水生态环境演变过程的解读,无法有效评估八字嘴航电枢纽的建设对信江下游河段水文节律的影响。

四大家鱼是信江流域重要的水生生物资源,在各个生命周期的物种行为能够有效表征河道水文节律的变化,因此可以作为研究枢纽调度对生态环境补偿的目标物种[16]。有关资料表明,枢纽运行导致河流水文情势的变化影响了鱼类物种产卵、洄游、生长繁殖等生命活动[17]。为维护河流生态环境的健康状态,枢纽调度方案中应增加对生态环境保护的因素。

二维模型所研究区域位于信江中下游黄金埠镇西南部,距上游界牌枢纽 17 km,全长为 25 km。研究区域内的分汊河道由于常年的自然演变,汊道洲滩冲淤变化发展迅猛,边滩错落分布,河床起伏不平,已经成为信江航道运行和河道行洪的严重阻碍。其中,分汊河道的河床起伏不定且容易形成浅滩,河床不稳定,变化时间较短,汊道中的流速起伏较大,水位落差大,容易形成低流速滞留区,影响航运能力和行洪能力。这些特殊的地形结构和复杂的水动力特性,成为航道和行洪的重要节点,故有必要深入分析信江该分汊河道的水动力特性及演变趋势,旨在改善信江该节点的通航和行洪能力。

研究通过模型模拟枢纽建设前后水环境的变化情况,利用 MIKE 软件建立水动力模型,分析该分汊河道分流区、分流段和汇流区的水动力特性。通过改变江心洲洲头分汊角,研究不同分汊角对该分汊河道水动力特性的影响。研究该分汊河道的发育演变趋势,为该分汊河道今后在岸堤安全防护、航线稳定和清淤等问题上起到一定的指导作用。

此外,在提升信江航道服务能力的同时改变了河道的天然水文情势。目前专家学者对信江流域水资源承载力、水沙特性及水质分析等方面进行研究,未涉及枢纽建设对鱼类产卵场及其生长繁殖的影响。本书应用 MIKE11 水动力模型模拟研究区域四大家鱼产卵场长时间序列流量过程,计算其繁殖期生态水文指标,分析信江下游梯级水利枢纽建设对四大家鱼繁殖发育关键时期的水文影响程度;选取具有指示意义的物种——四大家鱼进行适宜生态流量研究,并以此为基础为八字嘴航电枢纽设计合理可行的生态调度方案。本书研究内容有助于为水利枢纽影响下的信江下游河段水文情势变化预测提供科学参考,为保护研究区域河段水生态系统提供科学依据及技术指导,对践行江西省水生态文明建设具有现实意义。

## 1.2 国内外研究进展

### 1.2.1 水动力数值模拟研究

在分析水利枢纽所在区域内水动力特性及相关运动规律时,由于流动的非线性及边界几何形状的不规则性,理论分析通常无法准确得出相关结果,物理模型及数值模拟两种研究方法由此受到专家学者的关注。水动力中常用的模拟手段有两种,一是物理模型,二是数学模型[18]。在水流结构复杂、河道交错分布的情况下,数学模型相较于物理模型具有更好的兼容性,因此逐渐被广泛应用[19]。数学模型通过数学公式来表达河道流量过程及水体内各物质之间的相互作用,进而模拟河道水文节律变化情况[20]。人们在修建水利工程前,要对修建区域河段的水位、流场以及泥沙等运动规律进行复演、计算,这些需求推动了模型运用的发展。数学模型的运用在水动力研究中的地位举足轻重,它能在较短的时间内定性分析水流情势的发展[21-22]。1871 年圣维南提出的圣维南方程组为非恒定流提供了理论依据,也为数学模型的发展奠定了基础[23],而后计算机技术、水力学、泥沙动力学和数值计算方法等的发展和完善进一步推动了水动力数学模型的发展与应用[24-25]。数学模型凭借其成本低、操作简单等优势,逐渐成为研究水流运动规律的重要手段。数学模型与物理模型相互补充,共同促进了水流运动学规律的发展。数学模型的发展历史大致可分为一维模型、二维模型和三维模型三个阶段[26-27]。

一维模型阶段起源于20世纪50年代,研究人员Stoker等[28]首先将该模型应用于洪水预报和河道整治。2013年,麻夏、张洁等[29]运用一维数学模型对峡江水利枢纽截流河道水力特性进行研究,并将研究结果与物理模型试验结果做了对比分析,证明峡江枢纽大江截流施工方案可行。一维模型是数学模型中发展最早、最完善的河流数学模型,如今已在研究和工程任务中得到广泛应用。20世纪80年代以后,随着有限差分法的半隐格式[30]和全隐格式[31]的出现及计算机技术的发展,水动力数学模型研究进入二维领域,人们开始大规模应用二维数学模型。同时,三维数学模型开始走进人们的视野,经过三十多年的快速发展,三维数学模型日趋成熟。

鉴于数学模型的优势,众多水动力模型被开发以及投入使用,如今国内外常用的模型有MIKE[32-34]、Delft3D[35-36]、EFDC[37-38]等。国内有关河流数学模型的研究起步较晚,李岳生等基于网河不恒定流隐式方程组推导出稀疏矩阵解法并应用于防洪工程计算[39]。徐小明讨论了非线性代数方程组迭代解法并应用于河网非恒定流求解中[40]。随着数学模型的研究体系日趋完善,国内学者相继应用数学模型解决实际工程问题。另有专家学者运用数学模型模拟峡江水利枢纽大江截流施工方案,为实际截流施工提供指导与参考[41]。李晓等运用数学模型研究了苏州城区关键闸泵联合调度对城市水质的影响,以此提出改善城市水环境的调度方案[42]。其中由丹麦水力研究所开发的平面二维数学模型MIKE平台,凭借其操作界面人性化、水边界条件适应性强以及强大的前后处理功能等优点,被国内外广泛应用于各类水域(河流、河口、湖泊、水库、海洋)的水文水动力、水质、泥沙运动等方面的研究。该水动力模型也成功应用到国内多个大型工程中,并发挥出重要作用,如长江口综合治理工程[43-44]、南水北调工程[45-46]和杭州湾模拟[47-48]等。

针对信江的水动力数值模拟研究,近些年来部分学者也做了许多的工作。史常乐[49]运用MIKE21建立信江等五河出湖口河段与鄱阳湖的二维数学模型,并通过水位、流量以及流速率定与验证,结果表明平面二维水动力模型能较好地模拟信江等五河与鄱阳湖的水流运动规律。黄明红等[50]利用数学模型对信江界牌枢纽河段水运动规律进行分析，为界牌枢纽的船闸改建工程闸位选择提供了借鉴。林玉茹[51]利用平均水深积分对信江入湖口河段建立了非线性二维浅水数学模型，研究结果表明信江入湖的水流运动规律对污染物消散、降解极为不利。徐昕等[52]鉴于国内对流域生态健康预测分析的研究较少，将PSR、ANP和CA—Markov三类模型进行耦合，对信江流域生态健康进行预测，并对比后发现预测模型具有良好的可靠度。戚蓝等[53]利用MIKE21建立八字嘴水流运动数学模型，对该位置的分汊河流的水流运动规律进行分析研究。专家学者们通过不同的数学模型对信江进行了数值模拟，结果表明数学模型能较好地复演信江的水流运动规律。

信江中下游河段走势蜿蜒，航道沿途分布有江心洲、众多河滩等对航道的通航有阻碍的地形地貌。这种河段内洲滩交错，主流摆动及主支汊易位现象频繁，其水流运动特性较单一段更为复杂。在信江航运枢纽建成后，由于水工结构物的作用，使得信江八字嘴段河道水文条件及水沙过程发生改变，库区河势也可能发生一定的变化，有可能会带来新的防洪、航运等问题。从航运方面看，要满足行道畅通的条件有必要在河道上开展航道整治工程，会使原有水流运动状态发生变化。由于水流运动是河段演变的动力条件，准确模拟这类河道的水流运动规律，可为分析河段演变规律、航道整治工程方案研究等奠定较好的基础。

通过数学模型强大的模拟能力，开展河湖系统水文水动力以及水利枢纽工程对河湖水文水动力的影响研究，成为人们研究分析河湖水动力特性、河湖关系变化及河湖生态环境效应的有效手段，也是人们认识与评估自身对地球水环境的影响，进一步调控、优化地球水环境的重要基础。

### 1.2.2 水文情势分析

水文情势在一定程度上影响了河流生态系统的功能及种群结构，常用于评价河湖生境健康状况[54]。在关于生态水文过程及水文情势变化的研究中，Poff等最早提出通过流量量级、历时、产生时间、频率及变化率五项水文情势变化内容描述整个水文过程[55]。研究至今，已有超过170个水文指标被提出用于评价水文改变状况及生态环境效应[56]，其中 Richter 等提出的 IHA 水文改变指标可以准确定量评价水文情势变化情况，成为河流健康评价及水文情势分析研究的重要方法[57]。Maingi 等通过 IHA 指标计算分析大坝建设削弱了 Tana 河的洪峰流量且提高了最低流量，严重损坏了沿河生物群落结构[58]。Yang 等基于 IHA 指标选取 6 项参数，拟合 Shannon 指标的数学表达式评价水文情势改变下生物多样性变化情况[59]。Mohammed 等应用 IHA 水文指标评价体系评估了水利工程建设对 LowerZab 河流水文情势的影响[60]。

作为评价水文改变程度及对水生态系统影响的有效方式，IHA 水文指标体系逐渐在国内得到广泛应用，主要包括对河流进行水文情势评价、量化水利工程建设运行对生态环境的影响以及计算研究区域生态环境流量[61]。水文情势改变评估主要针对水利工程建设、调水、围垦等人类活动影响下河流水文情势的变化，以河流内水文站实测水文数据为基础，应用 IHA 水文指标评价法可以量化大型水库群对上游河段水文情势的影响。随着研究范围的扩大，专家学者相继通过 IHA 法评估大坝建设对黄河、淮河、湄公河等诸多河流水文情势的影响[62-64]。生态水文指标的应用将水文与生态联系在一起，强调了生态系统的整体性。顾西辉等基于 IHA 水文指标分析东江流域受水库影响后生态需水目标的变化过程并进一步分析水库建设对河道生物多样性的影响[65]。然而大部分研究主要集中在对水文因子变化的分析，缺少对当地河流关键指示物种的选取及研究。

如何有效将水文指标与生态系统结合在一起是目前生态水文研究领域关注的重点[66]。近年来，众多学者开始从生态水文学角度将水文指标体系应用于水生生物群落保护研究中。专家学者依据鱼类的生长繁衍特点，选择了部分重要生态水文指标并分析其自然演变过程和与鱼类产卵情况之间的关联，以研究四大家鱼发育繁殖过程所需要的环境水文地质条件。李翀等人采用 IHA 法比较、分析了长江干流水文站的历年环境水文地质指标变化过程和四大家鱼的产卵条件，并给出了每年涨水天数的具体环境控制目标，为长江上游四大家鱼的生殖发育过程做出了环境保障[67]。赵越等人使用 IHA 法分析生态流量，并根据四大家鱼产卵期的生态水文状况，推求满足其产卵需要的流量过程作为大型水库生态调节目标，从而降低了大型水库运行过程对四大家鱼产卵期造成的不良影响,恢复和提高了下游的生态环境质量[68]。水文学法是河流生态流量的主要计算方法[69],生态水文指标及基于四大家鱼的水文情势分析可以有效计算以四大家鱼为指示物种的河流所需生态流量[70]。

### 1.2.3 生态调度研究

水利枢纽建设有利于水资源的开发利用[71-73],但不合理的调度方案也造成了水体富营养化、湿地萎缩、生物栖息地丧失等一系列生态环境问题[4-5]。维护河湖生态平衡、保持适宜的河湖生态需水量是当前及今后水利枢纽生态调度所要面临的主要问题[74]。河湖生态需水量是将生态系统功能、结构以及生态过程维持在一定水平所需要的水量[75-76],维持着水域生物与河岸带的健康状态,有效降低枢纽建设对生态环境造成的影响。指示物种的选择及水文因子的量化是河湖需水量研究过程中主要的科学问题。田巍[77]等将水量结合水质作为指示性水文因子,将湖泊湿地的主要水生植物作为研究目标,计算维护其群落结构及类型的生态需水量。关于河湖生态需水量的研究,国外研究注重采用生境模拟法计算生态流量,将水文因子整合到鱼类栖息地适宜度曲线的研究中[78]。国内学者更关注河湖生态需水与水利枢纽生态调度相结合[79-80]。

为解决水利工程常规调度中存在的水资源利用率低,无法满足生态需求的问题,国内外研究学者开始尝试将运筹学及数学算法应用于水利工程优化调度中。Little 在 1955 年运用马尔可夫过程建立了随机动态规划模型,将水利工程优化调度与数学模型有效结合,为优化调度研究提供了新思路[81]。而后线性规划、非线性规划等数学算法模型不断被应用在水利工程优化调度中。我国针对数学算法在优化调度中的应用起步较晚,都金康等以水库防洪调度的基本原理为基础建立了线性规划模型,并提出两类解法适应不同类型水库的防洪调度[82]。由于多目标调度问题大部分涉及非线性问题,无法依靠线性规划算法解决,罗强等构建了以非线性规划算法为基础的模型,有效解决了梯级水库的多目标调度问题[83]。随着研究的深入,网络流方法、大系统分解协调算法等也开始逐渐被开发用于解决水利工程优化调度问题。

各地不断修建水利枢纽提高对水资源的开发利用,为解决传统优化算法存在“维数灾”问题,提高计算效率,智能优化算法开始在计算机技术的带动下迅猛发展。目前常用的智能算法包括遗传算法、蚁群算法、人工神经网络法及粒子群算法等。其中遗传算法的核心思想是“物竞天择,优胜劣汰”,相关研究较为成熟,计算效率高,求解步骤简单,具有一定的代表性[84]。Oliveira 等通过遗传算法设计了水库群系统多年内不同时段的调度规则,有效解决了水库群系统联合调度的决策问题[85]。畅建霞等利用十进制整数编码改进二进制遗传算法,改善编码冗余的问题,进一步提高了算法的计算效率[86]。随着研究的深入,专家学者相继对遗传算法进行不同方面的改进,包括不同算法的结合[87]、改善编码序列[88]以及改良变异方式[89]等。然而,大部分的调度模型主要针对水利工程防洪、发电以及航运等功能,对生态环境的补偿及生态目标的保护重视度不够[90-92]。

随着水生态文明建设理念的不断深入,各类以保护水生态环境为目标的水利工程调度补偿措施不断得到发展与应用。在以往传统水利调度模型算法的研究基础上,各类生态水文因子、指示性物种、生态流量不断作为保护目标被纳入水利枢纽调度方案设计当中[93-94]。将生态目标纳入传统水利枢纽调度中,降低水利枢纽建设运行对河流天然水文节律的影响,维持河道水生生物对生态流量的需要成为流域生态环境保护的重要手段。将四大家鱼作为信江下游水生态保护的目标物种,计算其适应性生态流量并应用到八字嘴航电枢纽调度方案的制定中,能够有效缓解枢纽建设对信江下游河道水生生物的影响。

### 1.2.4 栖息地健康及评价

河流栖息地为生物提供赖以生存、繁衍的空间和环境,不仅充当着“野生动物走廊”的角色,还将河流栖息地与其他栖息地(如林地)连接在一起。近年来,大规模的水利工程建设、过度捕捞、水体污染等一系列人类活动造成了河流栖息地面积的缩减及质量的下降。河流栖息地的特征与生物多样性密切相关,栖息地的面积与质量直接影响着生物群落的组成和结构。河流栖息地的退化是国内外都面临的严峻问题,随着人类对河流栖息地的认识进一步提高,保护并修复河流栖息地成为社会关注的热点。栖息地环境是决定生物生存的关键要素,是影响生物多样性维系功能的重要因子。开展河流栖息地评估工作,评价河流生态系统的健康可以解决林业与渔业之间的冲突,以便保护脆弱或重要栖息地的河流,并且为流域管理及合理开发利用河流水资源提供参考依据。

## 1.3 研究内容、目标及创新点

### 1.3.1 研究内容

本书以信江下游界牌枢纽至八字嘴枢纽下游 49 km 河段为研究区域,以修建中的八字嘴航电枢纽为研究对象,构建信江下游河道一维水动力模型,探讨八字嘴航电枢纽运行对信江下游河段水动力特性的影响,应用水文指标体系分析信江下游梯级枢纽建设前后水文情势变化情况,以此为基础设计八字嘴航电枢纽生态调度方案;以信江中下游黄金埠镇西南部,距上游界牌枢纽 17 km,全长 25 km 的河段为研究区域,以该区域内顺直分汊河道为研究对象,进行数值模拟分析,对信江八字嘴库区航道顺直微弯分汊河道泥沙淤积及两汊的分流比等问题进行研究,为该分汊河道在岸堤安全防护、维护航线稳定以及清淤、枢纽建设后的合理运行提供技术参考。具体研究内容包括:

(1)信江八字嘴航电枢纽河段一维水动力特性研究

以垂向积分的物质和动量守恒方程(即一维圣维南方程)为理论基础,应用 MIKE11 水动力模块,根据当地实测资料划分研究区域河道断面,建立八字嘴枢纽河段一维河网水动力模型,并对模型进行参数率定和验证,同时参考四大家鱼生长繁殖对河道流量过程的需要,结合环境流量成分法分析信江下游河段在典型年流量过程情况下的水动力特性。

(2)信江八字嘴航电枢纽河段二维水动力特性研究

利用 MIKE 系列软件的二维模型,针对信江八字嘴库区航道顺直微弯分汊河道泥沙淤积及两汊的分流比等问题进行研究。基于信江界牌枢纽至新渡万家八字嘴的 1∶10000 CAD 地形图,结合梅港水文站逐日水位流量数据和月平均输沙率数据对模型进行率定与验证,优化模型计算参数取值以保证模型的模拟精度;依据河流一年内丰、平、枯的运行状态,设置合理的工况对水动力情景进行模拟,科学分析自然状态下该分汊河道的分流区、分流段以及汇流区的水动力特性。此外,还通过对模型的洲头角度进行调整,对河道进行模拟,定量分析分汊河道在不同洲头分汊角下的水动力特性。

(3)基于生态水文指标的水文情势评价及生态流量适应性分析

借助一维水动力模型获取八字嘴航电枢纽河段产卵场断面在枢纽建设前后河道流量过程的模拟数据,运用生态水文指标分析信江下游水利枢纽建设前后梅港水文站及产卵场断面水文情势的变化情况。选择四大家鱼作为目标物种,结合生态水文学法及四大家鱼繁殖发育对河道流量的需求,计算信江下游河道生态流量上下限,以此作为枢纽调度运行的目标之一。

(4)生态调度研究

建立以四大家鱼适宜生态流量为主要目标的优化调度评价模型,设置发电量、生态改变度、综合效益三项目标函数及七项约束条件,结合八字嘴航电枢纽调度方案以及各典型年下流域生态环境对航电枢纽调度的不同需要制定不同的研究方案。利用 MATLAB 软件作为计算平台,以遗传算法为计算方法,研究不同典型年下的目标函数关系,同时以综合效益最高为目标设计并选取改善八字嘴航电枢纽河段生态环境的优化调度方案。

(5)栖息地健康影响因素及评价

河流栖息地是河流生态系统的重要组成部分,是河流生物赖以生存的基础。本书系统阐述了水利工程等一系列人类活动对河流生态系统的胁迫和栖息地指示物种的选择,综述了当前国际上代表性栖息地的评估方法和评估模型的应用情况,同时对河流栖息地健康评价的未来进行展望和预测。

### 1.3.2 研究目标

(1)建立信江下游八字嘴枢纽河段的一维河网水动力模型,阐明枢纽建设前后研究区域的流量变化过程及典型年河道水动力特性。

(2)构建二维水动力数学模型,以信江中下游分汊河道为研究对象,设置不同工况,研究分汊河道的分流比、流速、水位变化,揭示该分汊河道的水动力特性;对不同洲头分汊角的分汊河道进行情景模拟,分析分汊河道在不同洲头分汊角中的水动力特性,探讨不同洲头分汊角对分汊河道水动力特性的影响。

(3)计算信江下游梅港站及产卵场断面月均流量、极端流量、高低流量脉冲等五类生态水文指标,揭示信江下游水利枢纽建设运行后河道水文情势的变化程度,提出四大家鱼适宜的生态流量。

(4)构建基于经济—生态—综合效益的多目标优化调度模型,揭示各典型年下的目标函数关系,提出八字嘴航电枢纽多目标优化调度方案。

### 1.3.3 拟解决的关键问题

(1)如何对信江下游河道水动力特性与四大家鱼繁殖习性进行耦合分析;

(2)基于四大家鱼的生物学特征,如何从众多已有指标中选取生态水文指标作为水文情势评价依据;

(3)如何建立满足生态效益下的优化模型,有效保证调度模型计算过程中生态效益的重要性。

### 1.3.4 创新点

(1)研究思路上:鱼类在水生态系统中的位置独特,受环境因子影响会产生各种适应性变化,以鱼类作为研究区域的主要研究目标和指示性物种来综合评价枢纽建设所带来的水文情势变化。即基于鄱阳湖流域四大家鱼对流量过程的需要,选取包含鱼类繁殖重要影响因子的 IHA 水文指标体系作为生态水文指标进行水文情势分析。

(2)研究方法上:从八字嘴航电枢纽河段研究水文情势变化及鱼类时空分布特征着手,运用生态学、水文学、遗传学等综合研究方法,从而研究鱼类分布及栖息地特征。

(3)理论应用上:以信江八字嘴航电枢纽河段为研究区域,建立该研究区域水文因子数据库,并在此基础上建立研究区域的生态水文评价指标体系(IHA 水文指标体系),同时结合 MIKE11、MIKE21、River 2D 等物理、数学模型完成对研究区域的建模。

## 1.4 技术路线

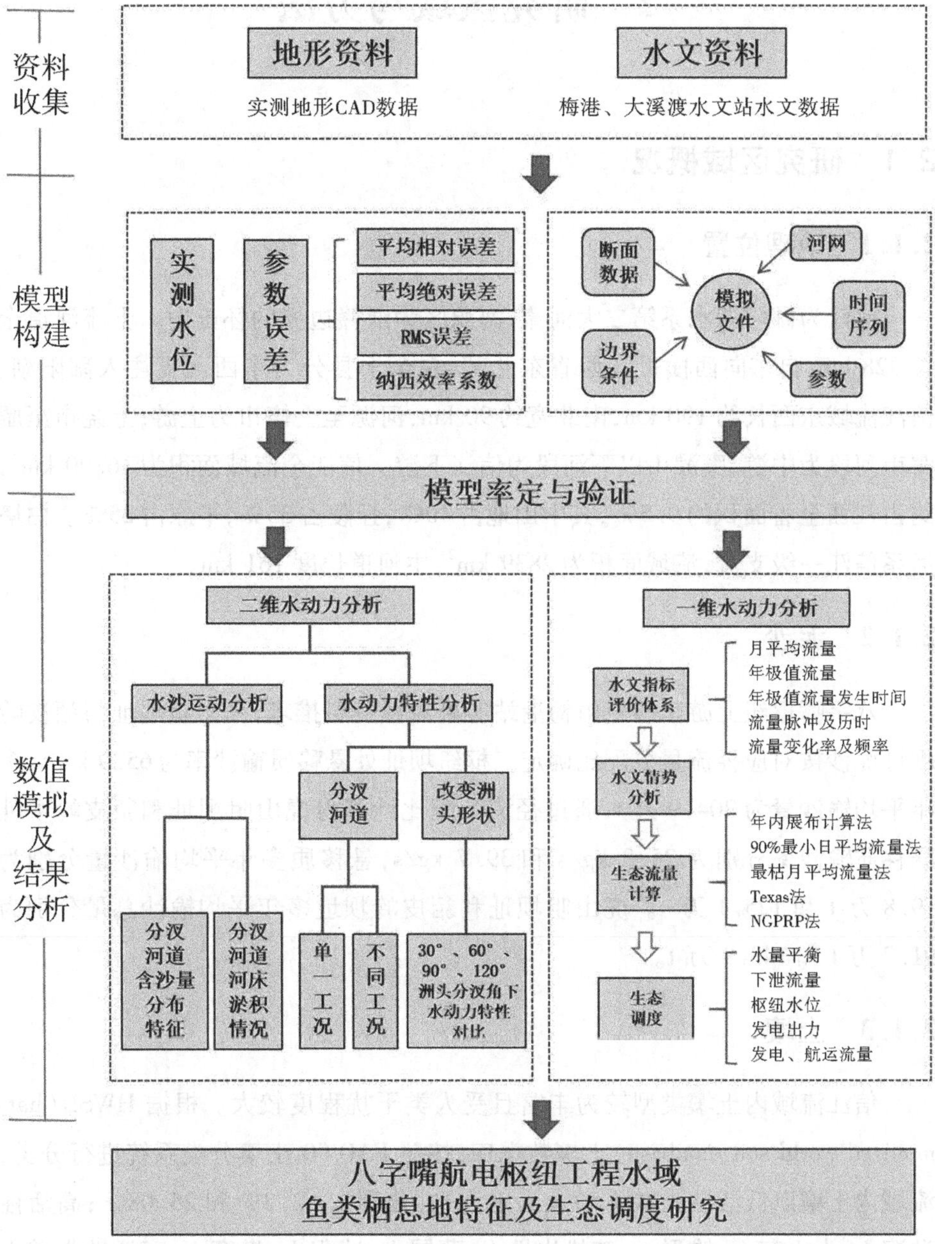
资料收集
地形资料
实测地形CAD数据
水文资料
梅港、大溪渡水文站水文数据
模型构建
实测水位
参数误差
平均相对误差
平均绝对误差
RMS误差
纳西效率系数
断面数据
河网
模拟文件
时间序列
边界条件
参数
模型率定与验证
数值模拟及结果分析
二维水动力分析
水沙运动分析
水动力特性分析
分汊河道
改变洲头形状
分汊河道含沙量分布特征
分汊河道河床淤积情况
单一工况
不同工况
30°、60°、90°、120°洲头分汊角下水动力特性对比
一维水动力分析
水文指标评价体系
月平均流量
年极值流量
年极值流量发生时间
流量脉冲及历时
流量变化率及频率
水文情势分析
生态流量计算
年内展布计算法
90%最小日平均流量法
最枯月平均流量法
Texas法
NGPRP法
生态调度
水量平衡
下泄流量
枢纽水位
发电出力
发电、航运流量
八字嘴航电枢纽工程水域
鱼类栖息地特征及生态调度研究

# 2　研究区域与方法

## 2.1　研究区域概况

### 2.1.1　地理位置

信江为鄱阳湖水系第二大河流,河源区为浙赣边界的怀玉山。干流河道全长328 km,自东向西横贯江西省东北部,在余干县分为东西两支注入鄱阳湖。信江流域东西长约190 km,南北宽约90 km,河源至上饶市为上游;上饶市至鹰潭市河段为中游,鹰潭市以下河段为信江下游。信江全流域面积为16890 $km^2$,约占江西全省面积的9.5%,其中山地占40%,丘陵占35%,平原占25%。白塔河系信江一级支流,流域面积为2839 $km^2$,主河道长度161 km。

### 2.1.2　泥沙

八字嘴枢纽上游来沙量由梅港站实测泥沙资料推求,虎山咀坝址与貊皮岭坝址泥沙按对应径流量分配比确定。枢纽坝址处悬移质输沙率为65.0 kg/s,多年平均输沙量为204.9万t,通过径流分配比计算得虎山咀坝址和貊皮岭坝址悬移质输沙率分别为25.3 kg/s和39.7 kg/s,悬移质多年平均输沙量分别为79.8万t和125.1万t。虎山咀坝址和貊皮岭坝址多年平均输沙总量分别为91.7万t和143.9万t。

### 2.1.3　土壤

信江流域内土壤类型较为丰富且受人类干扰程度较大。根据HWSD(harmonized world soil database)土壤数据库,按照FAO-90土壤分类系统进行分类,流域内土壤以低活性强酸土和人为土为主,分别占62.2%和25.08%;高活性淋溶土、火山灰土、雏形土、疏松岩性土、薄层土、冲积土、潜育土、高活性强酸土零散分布,分别占1.5%、0.6%、1.6%、2.6%、0.12%、0.05%、0.07%和5.29%。

### 2.1.4 水位及流量

以信江下游梅港站为研究区域水文代表站，统计梅港站 1956—2020 年水位及流量数据（见图 2.1）。八字嘴枢纽坝址处多年平均流量为 578 $m^3/s$，根据工程环境影响报告书中提出的东西大河分流比（见表 2.1）计算得东大河多年平均径流量为 225 $m^3/s$，西大河多年平均径流量为 353 $m^3/s$，坝址处多年平均径流量为 182.28 亿 $m^3$。

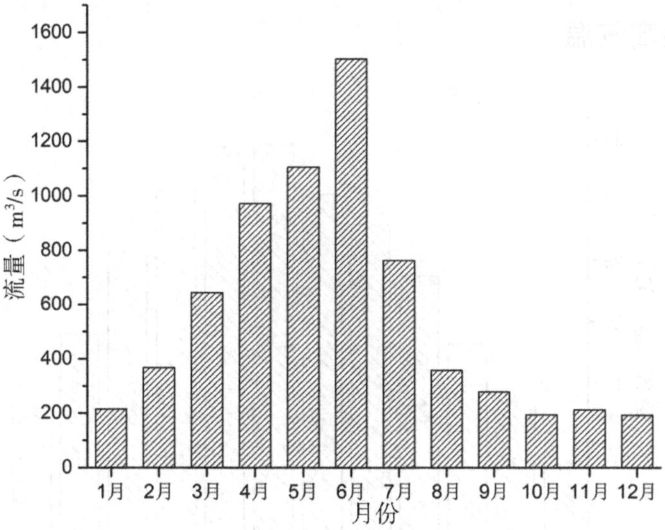


图 2.1　梅港站多年平均流量图

表 2.1　八字嘴枢纽各等级流量东、西大河分流比成果表

| 流量等级（$m^3/s$） | 东大河分流比 $K_{东}$ | 西大河分流比 $K_{西}$ |
|---|---|---|
| $Q$ 八字嘴 >1200 | 0.36 | 0.64 |
| 300 < $Q$ 八字嘴 ≤1200 | 0.39 | 0.61 |
| 200 < $Q$ 八字嘴 ≤300 | 0.44 | 0.56 |
| 100 < $Q$ 八字嘴 ≤200 | 0.53 | 0.47 |
| 60 < $Q$ 八字嘴 ≤100 | 0.64 | 0.36 |
| $Q$ 八字嘴 ≤60 | 0.72 | 0.28 |

## 2.2 水文气象

研究范围内属亚热带季风气候,气候温暖、光照丰富、降水充沛、四季分明、无霜期较长。区域内多年平均气温 17.8 ℃,极端最高气温 40 ℃,极端最低气温 -14.3 ℃;年平均降水量 1586.4 mm,年平均水面蒸发量 1557.7 mm,年平均相对湿度 81%;年平均无霜期 256 天,年平均日照时数 1872 小时;年平均风速 3.5 m/s。

### 2.2.1 最高气温

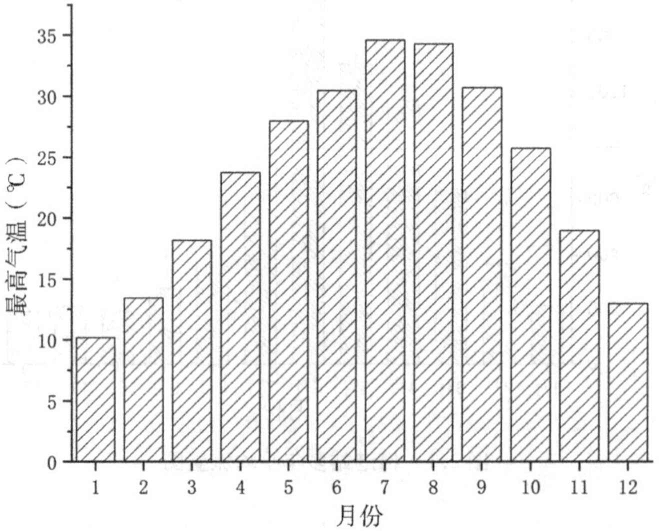


图 2.2 贵溪站 2008 年至 2016 年最高气温

以贵溪站为信江流域的气象代表站,统计贵溪站 2008 年至 2016 年最高气温数据(见图 2.2)。贵溪站多年月平均最高气温最高出现在 7 月份,为 34.58 ℃;其次是 8 月份,为 34.27 ℃。1 月份多年月平均最高气温最低,为 10.17 ℃;其次是 12 月份,为 12.96 ℃。贵溪站最高气温最大年际变幅 24.41 ℃,年内变幅 0.31~24.41 ℃。历年最高最高气温 36.6 ℃,出现在 2013 年 3 月;历年最低最高气温 5.6 ℃,出现在 2011 年 1 月。流域最高最高气温主要出现在 7 月至 8 月,各站年最低最高气温主要出现在 12 月至次年 2 月。

### 2.2.2 最低气温

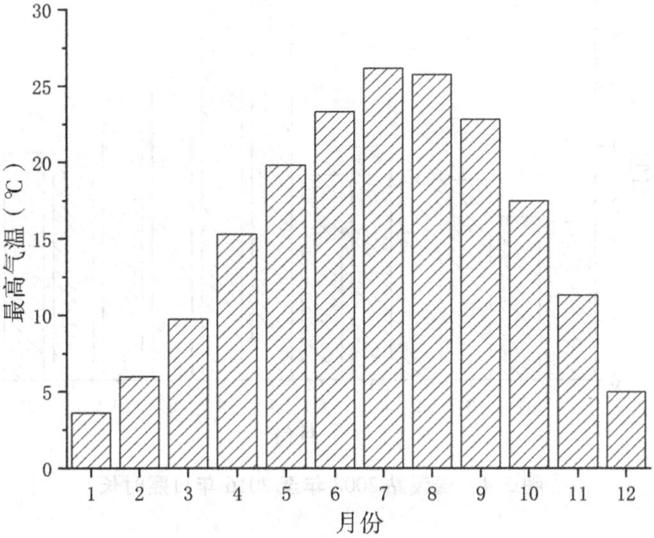


**图 2.3 贵溪站 2008 年至 2016 年最低气温**

以贵溪站为信江流域的气象代表站，统计贵溪站 2008 年至 2016 年最低气温数据（见图 2.3）。贵溪站多年月平均最低气温最高出现在 7 月份，为 26.17 ℃；其次是 8 月份，为 25.76 ℃。1 月份多年月平均最低气温最低，为 3.6 ℃；其次是 12 月份，为 4.98 ℃。贵溪站最低气温最大年际变幅 22.57 ℃，年内变幅 0.41～22.57 ℃。历年最高最低气温 27.3 ℃，出现在 2011 年 7 月；历年最低最低气温 1.6 ℃，出现在 2011 年 1 月。流域最高最低气温主要出现在 7 月至 8 月，各站年最低最低气温主要出现在 12 月至次年 2 月。

### 2.2.3 日照时长

以贵溪站为信江流域的气象代表站，统计贵溪站 2008 年至 2016 年日照时长数据（见图 2.4）。贵溪站多年月平均日照时长最高出现在 7 月份，为 7.27 小时；其次是 8 月份，为 6.58 小时。1 月份多年月平均日照时长最低，为 2.71 小时；其次是 2 月份，为 2.79 小时。贵溪站日照时长最大年际变幅 4.56 小时，年内变幅 0.69～4.56 小时。历年最高日照时长 9.18 小时，出现在 2012 年 7 月。流域最高日照时长主要出现在 7 月至 8 月，各站年最低日照时长主要出现在 1 月至 2 月。

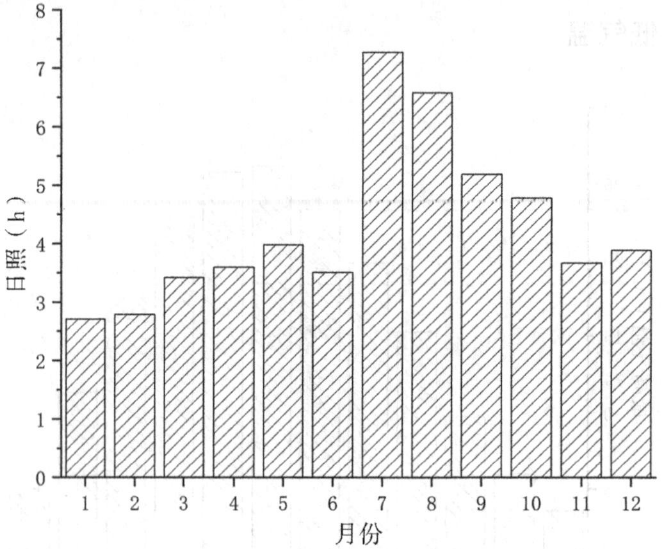


图 2.4　贵溪站 2008 年至 2016 年日照时长

### 2.2.4　降水量

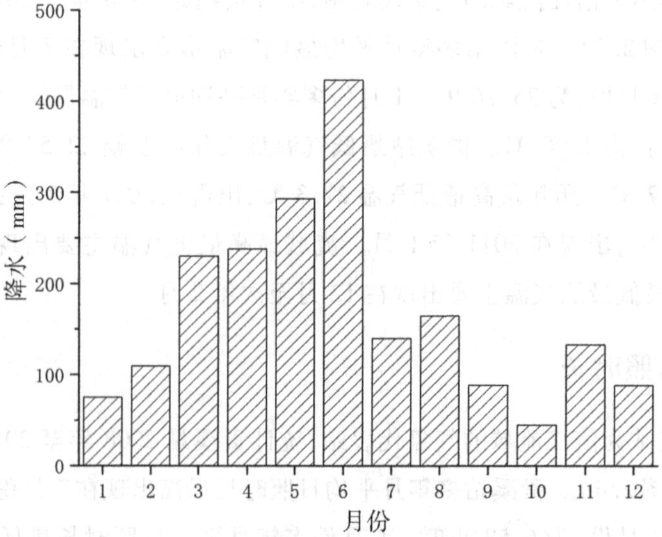


图 2.5　贵溪站 2008 年至 2016 年降水量

以贵溪站为信江流域的气象代表站，统计贵溪站 2008 年至 2016 年降水数据（见图 2.5）。贵溪站多年月平均降水最高出现在 6 月份，为 423.18 mm；其次是 5 月份，为 292.91 mm。10 月份多年月平均降水最低，为 45.08 mm；其次是 1

月份,为 75.26 mm。贵溪站降水最大年际变幅 378.1 mm,年内变幅 130.27 ~ 378.1 mm。历年最高降水 618.5 mm,出现在 2015 年 6 月,历年最低降水 3.1 mm,出现在 2014 年 10 月。流域最高降水主要出现在 5 月至 6 月,各站年最低降水主要出现在 10 月至次年 2 月。

## 2.3 工程概况

八字嘴航电枢纽工程位于信江下游河段余干县境内,工程分为东大河虎山咀枢纽及西大河貊皮岭枢纽。坝址建于东西大河分叉口下游约 0.9 km 处,虎山咀枢纽坝址位于余干县白马桥乡熊家村,貊皮岭枢纽坝址位于余干县洪家嘴乡新渡村。

### 2.3.1 工程介绍

近年来赣东北地区与长江沿线城市及国际市场联系日趋紧密,信江作为该地区综合交通体系的重要组成部分,在区域内外物资交流中发挥着重要作用。为提升河流航道服务能力,根据内河航道发展需要,信江被确定为国家 18 条主要高等级航道之一。八字嘴航电枢纽工程的建设主要用于提升信江航道服务等级,促进信江沿线经济建设及水资源的开发利用。

工程地理坐标为东经 116°40′30″,北纬 28°37′20″,位于信江下游河段。东大河虎山咀枢纽与西大河貊皮岭枢纽位于同一轴线。坝址集水面积 15942 $km^2$,坝址处多年平均流量 578 $m^3/s$,多年平均径流量 182.28 亿 $m^3$。水库正常蓄水位 18 m,总库容 3.44 ×108 $m^3$,装机容量 12.6 MW。

### 2.3.2 拟定调度方案

八字嘴航电枢纽拟定调度方案如表 2.2 所示。

表 2.2 八字嘴枢纽拟定调度方案

| 组合 | 序号 | 初始库水位(m) | 八字嘴汇合口流量或梅港站流量 $Q(m^3/s)$ | 水库控制水位及下泄流量 | 备注 |
|---|---|---|---|---|---|
| 一 | 1-1 | 18.0 | $Q_{八} < 690$ | 按电力系统要求运行,维持 $Z_{库}$ = 18 m,流量全部由机组下泄,$Q_{泄} = Q_{八}$。 | 发电 |

续表 2.2

| 组合 | 序号 | 初始库水位(m) | 八字嘴汇合口流量或梅港站流量 $Q(m^3/s)$ | 水库控制水位及下泄流量 | 备注 |
| --- | --- | --- | --- | --- | --- |
| 一 | 1-2 | 18.0 | $690 \leqslant Q_{八} < 1100$ | $Q_{泄}=Q_{八}$,水库维持正常蓄水位运行,电站满负荷发电,多余水量由水闸下泄,$Q_{泄}=Q_{八}$。(若此时梅港站流量达到 1100 $m^3/s$ 且有上涨趋势,则转到 2-1 运行) | 控泄发电 |
| 二 | 2-1 | 18.0~16.0 | $1100 \leqslant Q_{梅港} < 2000$ 或 $1100 \leqslant Q_{八} < 2000$ | $Q_{泄 i}=Q_{泄 i-1}+\Delta Q$ 直到库水位降低到 $Z_{库}=16.0$ 后,$Q_{泄}=Q_{八}$。(若此时遇到下游水位上涨,在水位涨到与库水位接近时,水闸全开敞泄) | 控泄 |
| | 2-2 | 16.0~天然 | $Q_{梅港} \geqslant 2000$ 或 $Q_{八} \geqslant 2000$ | $Q_{泄}=Q_{八}$,闸门全部开启敞泄洪水,库水位恢复天然。 | 敞泄 |
| | 2-3 | 天然 | 整个洪水过程中 | 闸门处于全部开启敞泄状态,由泄流能力下泄洪水,库水位处于天然状态。 | 敞泄 |
| | 2-4 | 天然~16.0 | $2000 \geqslant Q_{八} \geqslant 1100$ | 洪水过后,库水位逐步降低,到 $Z_{坝}=16.0$ 后,闸门控泄,$Q_{泄}=Q_{八}$,维持库水位 16.0 m。 | 控泄 |
| | 2-5 | 16.0~18.0 | $1100 > Q_{八}$ | $Q_{泄 i}=Q_{泄 i-1}-\Delta Q$ 直到 $Q_{泄}=57.8$ $m^3/s$(生态流量),库水位蓄到 $Z_{库}=18$ 后,$Q_{泄}=Q_{八}$,转到工况一运行。 | 回蓄 |
| 三 | 3-1 | 18.0 | $Q_{八} < 1100$ | $H_{下} < 16.5$ m 时,机组发电,水闸下泄弃水,$Q_{泄}=Q_{八}$;<br>16.5 m $\leqslant H_{下} < 18.0$ m,机组停机,水闸下泄全部来水,$Q_{泄}=Q_{八}$。(在以上过程中遇到 $Q_{八} \geqslant 1100$ 时,转到工况二运行) | 控泄 |
| | 3-2 | 18.0~天然 | $Q_{八} < 1100$ | $H_{下} \geqslant 18.0$ m,水闸全部开启敞泄来水,恢复天然。 | 敞泄 |

续表 2.2

| 组合 | 序号 | 初始库水位(m) | 八字嘴汇合口流量或梅港站流量 $Q(m^3/s)$ | 水库控制水位及下泄流量 | 备注 |
| --- | --- | --- | --- | --- | --- |
| 三 | 3-3 | 天然~18.0 | $Q_八<1100$ | 鄱阳湖水位降低,$H_下\leq 18.0$ m,当 $Z_库=18$ m 时水闸控泄,$Q_泄=Q_八$,转人工况一运行。(在以上过程中遇到 $Q_八\geq 1100$ 时,转到工况二运行) | 控泄 |

## 2.4 鱼类生态环境现状

信江下游八字嘴航电枢纽河段属于鄱阳湖冲积平原,河宽 400~500 m,界牌枢纽至黄金埠段河谷是山区型河流至平原型河流的过渡型,两岸主要分布低山丘陵,黄金埠以下河段属平原型河流,河谷平缓开阔。区域内主要支流为白塔河,河口位置为东经 116°53′,北纬 28°23′。

### 2.4.1 流域鱼类分类

根据 2009 年信江鹰潭段渔获物调查结果,调查鉴定鱼类 4 目 10 科 40 种,其中:鲤形目 29 种,占 72.5%;鲇形目和鲈形目各 5 种,各占 12.5%;合鳃鱼目 1 种,占 2.50%。在鲤形目鱼类中,鲤科最多,为 26 种,占 89.65%;鳅科 2 种,占 6.90%;平鳍鳅科 1 种,占 3.45%。在鲤科鱼类中,以鲌亚科种类最多,共计 6 种,占鲤科鱼类总种类数的 23.08%;鮈亚科和雅罗鱼亚科次之,均为 5 种,分别占 19.23%;鲴亚科 3 种,占 11.54%;鲤亚科、鲢亚科和鮈亚科各 2 种,占 7.69%;鲃亚科仅 1 种,占 3.85%。

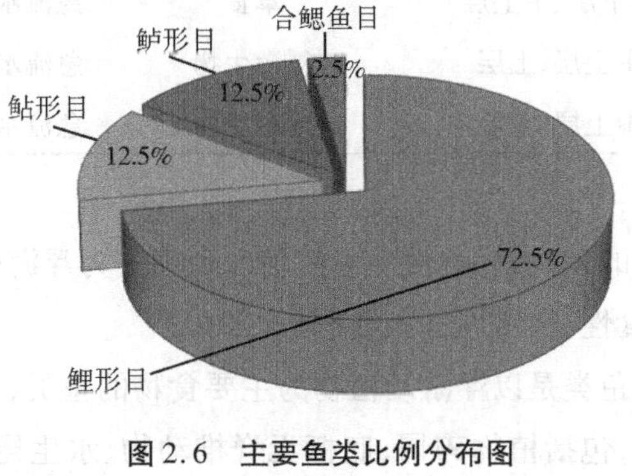


图 2.6 主要鱼类比例分布图

信江鱼类区系组成划分为以下4个区系复合体，以东洋区为主体，为东洋区与古北区的混合体。

表2.3　信江鱼类区系组成划分表

| 区系 | 鱼类 |
| --- | --- |
| 中国平原复合体 | 青鱼属、草鱼属、鳡属、鲴属、鲢属、鳙属、蛇𬶋属、鳊属、鲂属、鲌属、鲿属、鳜属、鳤属、鳡属 |
| 印度平原复合体 | 鮠属、胡子鲇属、鳠属、乌鳢属、黄鳝属 |
| 中印山区复合体 | 光唇鱼属 |
| 古第三纪鱼类复合体 | 鲤属、鲫属、泥鳅属和鲇属 |

(1)生态空间利用

信江鱼类分为底层生活类群、中下层生活类群、中上层生活类群、水体上层生活类群和岸边静水草滩生活类群五大类群。

信江河谷宽阔，河水较浅，河床主要为卵石，底层和中下层生活类群较多，有喜欢急流浅滩类群的鱼类，如鳅科、鲿科等；有喜欢深水沱或河槽的鲇科和鲤亚科鱼类，如鲇鱼、鲤鱼等；有喜欢静水或缓流水的底层鱼类，如泥鳅、鲫鱼、鳝鱼等。中上层生活类群主要是喜欢生活于深潭、水沱等中上层水体的鱼类，如鳊鱼、草鱼等。水体上层生活类群主要是体型纺锤形、游泳能力强、游动迅速的鱼类，主要是鲌属、飘鱼属以及部分肉食性鱼类，如翘嘴鲌、鳘、鳡等。岸边静水草滩生活类群主要是喜欢静水环境或有筑巢习性的鱼类，如乌鳢等。

表2.4　四大家鱼生境需求表

| 种类 | 生境空间利用 | 食性 | 流水需求 | 产卵类型 |
| --- | --- | --- | --- | --- |
| 青鱼 | 底层、中下层 | 杂食 | 急流水 | 漂浮性卵 |
| 草鱼 | 中下层、中上层 | 草食 | 急流水 | 漂浮性卵 |
| 鲢 | 中上层、上层 | 浮游生物 | 急流水 | 漂浮性卵 |
| 鳙 | 中上层、上层 | 浮游生物 | 急流水 | 漂浮性卵 |

(2)食性

根据信江鱼类的食性，从食性上可将信江鱼类分为浮游生物食性、杂食性、着生藻类食性、草食性、肉食性五大类群。

浮游生物食性鱼类是以浮游动植物为主要食物的鱼类，有鲢、鳙等；杂食性鱼类食物组成多样，包括植物碎屑、底栖无脊椎动物、水生昆虫、大型维管束植物等均能作为其食物，主要是鲤鱼、鲫鱼、泥鳅等鲤科、鳅科鱼类；着生藻类食性鱼类是以刮食着生藻类为主要食物的鱼类，主要是银鲴、细鳞斜颌鲴等鲴亚科的鱼类；草食性鱼类主要是草鱼和鳊鱼等以水生维管束植物为食物的鱼类；肉食性鱼类是以其他鱼、虾为主要食物的鱼类，如鳡鱼、鳍鱼、鳜鱼等。

(3)水流环境需求

信江流域分布的鱼类中，对水流流态需求较严格的有宽鳍鱲、鲴、黄尾鲴、细鳞斜颌鲴、吻鮈、大鳍鳠、大眼鳜等鱼类，以及在繁殖期间需要在流水环境中产卵的青鱼、草鱼、赤眼鳟、鳡、鳍、鲢、鳙等鱼类。信江分布的鱼类以喜好缓流或静水环境的居多，对水流流速需求不是很严格。另外，青鱼、草鱼、赤眼鳟、鳡、鳍、鲢、鳙等鱼类在育肥期喜好缓流、静水环境，在产卵期喜好急流水环境。

(4)繁殖习性

根据鱼类对产卵环境的选择以及受精卵性质，从繁殖生态上可将信江流域鱼类分为产漂流性卵类群、产浮性卵类群、在流水中产粘性卵类群、在静水中产粘性卵类群、产沉性卵类群五大类群。

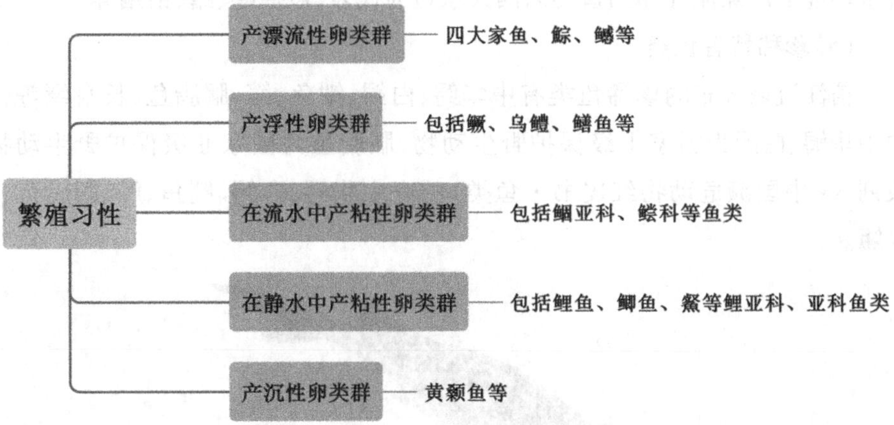


图 2.7　鱼类产卵环境种类分布图

不同类群繁殖方式特点如下：

漂流性卵类群：这类鱼在特定的流水环境下产卵，卵会随着水流漂流并发育成鱼。这种繁殖方式适用于溯河洄游的鱼类。漂流性卵类群的鱼类在产卵时选择具有适宜水流条件的区域。

浮性卵类群：这类鱼的受精卵比重较轻，能够浮在水面上进行孵化。乌鳢和鳍鱼等部分鱼类属于这一类群。这类鱼会在水体表面附近筑巢并保护卵的安全。浮性卵类群的鱼类通过筑巢行为和卵的浮力来保证卵的成功孵化。

粘性卵类群(流水中):这类鱼的受精卵会附着在底质上,在流动的水体中进行孵化。这类鱼会选择适宜的河床或岩石表面,使卵黏附在那里。这类鱼通过底质附着和水流提供的氧气来促进卵的发育和孵化。

粘性卵类群(静水中):这类鱼的受精卵主要黏附在水草和靠近岸边的石块等物体上进行孵化。静水环境下,这类鱼会选择适宜的水生植物或靠近岸边的物体,使卵黏附在那里。这类鱼通过黏附在基质上的卵来完成孵化过程。

沉性卵类群:这类鱼在河滩等特定地点产下沉重的卵,卵沉积在底质上进行孵化。这类鱼会选择适宜的河滩或底部沉积物区域,将卵沉积在那里,并依赖于底质提供的环境条件来完成卵的孵化过程。

信江流域鱼类在产卵环境需求上可分为流水/底质沙砾石,静水或缓流水/水草、石岸,静水/筑巢,流水/漂流四大类群:在流水、底质为沙砾石环境下产卵的鱼类最多,有宽鳍鱲、鲇和黄颡鱼等;在静水或缓流水环境下产卵于水草或岸边石块的鱼类,包括鲌类、鲤、鲫、泥鳅等;在静水环境下筑巢产卵的有鳢鱼;在流水环境下产漂流性卵的鱼类以四大家鱼为代表,包括鳡、鳤、银鲴等。

(5)珍稀特有鱼类

信江流域分布的珍稀鱼类有中华鲟、白鲟、鲥鱼、鯮、胭脂鱼、长身鳜等,其中中华鲟、白鲟为国家Ⅰ级保护野生动物,胭脂鱼为国家Ⅱ级保护野生动物。被列入《中国濒危动物红皮书·鱼类》的有中华鲟、白鲟、鲥鱼、鯮、胭脂鱼、长身鳜。

图 2.8 中华鲟

1954—1983 年在邻近鄱阳湖区的鄱阳县信江江段,曾发现过中华鲟、白鲟,但数量甚少,形体也较小,鄱阳县以上信江江段无发现记录。根据余江县水产站历史记录,20 世纪 80 年代以前在余江县曾捕获过数千斤鲥鱼,胭脂鱼的捕获量也较多,但自20世纪80年代以后在信江鱼类资源调查过程中均未采集到鲥鱼和胭脂鱼;在信江流域近年的渔获物中,鯮、长身鳜鲜有捕获,已几乎绝迹。

综上所述,中华鲟、白鲟、鲥鱼、胭脂鱼等珍稀鱼类在信江流域已无分布,鯮、长身鳜也基本上难以见到。

### 2.4.2 鱼类重要生境

(1)产卵场

信江产粘性卵鱼类,繁殖期集中在4—6月份,主要有鲿科、鲇科以及鲤、鲫等。一般产粘沉性卵鱼类对产卵场的要求并不严格,只要达到水温要求,具备必要的附着基质便可形成各自的产卵场。有的在静水环境条件下便可产卵,如鲤、鲫等;有的需要一定的流水刺激才能产卵,如鲇科、鲿科等鱼类。符合这些鱼类繁殖的生境条件在信江水域较为普遍,相应地,这些鱼类产卵场也较为分散,信江水生植物群落分布的河段往往是信江鱼类产卵繁殖的主要场所,产卵规模小而不稳定。

(2)越冬场和索饵场

信江鱼类越冬场一般为急流险滩下水流冲刷形成的深潭,深潭河床多为岩基、礁石和砾石,饵料生物较为丰富。信江玉山段下游湖潭、上饶段下游毛家潭、干流界牌水库坝上等处为信江鱼类部分越冬场。3月份后,信江水温逐渐回升,鱼类从越冬深水区上溯河流浅水的砾石滩或缓流区域索饵。4—5月份,信江干支流水位开始上涨,部分鱼类会沿支流上溯索饵。信江流域汛期鱼类随涨水而上溯到各淹没区和支流索饵,觅食范围扩大。以有机碎屑、底栖无脊椎动物等为主要食物的鱼类,一般以浅水区、光照条件好,有礁石或砾石滩、饵料生物丰富的江段作为索饵场。喜急流生境鱼类的索饵区多为平缓的砾石长滩;缓流水或静水性鱼类的索饵区往往在险滩间水流平缓的顺直深潭河段;河湾回水区、开阔平缓河段和支流河口河段及信江支流等为信江鱼类部分索饵场。

### 2.4.3 渔业资源

20世纪80年代初,信江主要捕捞对象为草鱼、鳊、鲂、鲌类、银鲴、圆吻鲴、鲤、鳜等。由于各河段及河流中的生态条件不同,因而主要渔获物种类也不同。信江以鳊、鲂、鳜的产量占首位,第二为鳡、鲌类,第三为银鲴、黄尾鲴、鲤。20世纪80年代末，信江的主要经济鱼类有鳜、鳊、鲂、鲌类、鳡、黄尾鲴、银鲴、鲤、草鱼、青鱼、鲢、鳙、鲫、圆吻鲴、鲇、黄颡鱼、赤眼鳟、花䱻、鳗鲡、银鱼等。据2009年信江鹰潭段渔业资源调查，常见经济鱼类包括䱻、鲤、鲫、鲴类、鲇、赤眼鳟、黄颡鱼、鳊、乌鳢、鳜、飘鱼、翘嘴鲌等。数量上以䱻(30.25%)和鳊(20.56%)最多；鲴类(14.22%)、鲤鲫(13.34%)、黄颡鱼(11.69%)次之；四大家鱼数量只占1.95%。在重量组成上，以鲤、鲫最多，达到37.38%，鳊、鲌类占30.88%，四大家鱼占18.09%。

(a)青鱼

(b)草鱼

(c)鲢

(d)鳙

**图2.9　四大家鱼**

2009年信江鹰潭段四大家鱼资源调查共采集四大家鱼247尾。其中：青鱼最少，仅有6尾，占2%；草鱼101尾，占41%；鲢27尾，占11%；鳙113尾，占46%。调查显示：青鱼标本数量少，且重量分布极不均匀。信江四大家鱼的年龄结构相对简单，主要以1龄和2龄鱼为主。青鱼1龄、2龄鱼数量占总数的75%；鲢1龄、2龄鱼数量占总数的71%；草鱼和鳙1龄、2龄鱼数量所占比例高达81%和90%。

信江流域分布有江湖和江海生殖洄游性鱼类，较著名的有中华鲟和鲥鱼，由于多种因素的影响，目前这两种鱼在信江难觅踪影。信江流域具有洄游习性的鱼有11种，分别是四大家鱼、赤眼鳟、鳡、鳡、鳊、银鲴、黄尾鲴、细鳞斜颌鲴，其中四大家鱼、赤眼鳟、鳡、鳡、鳊 8 种鱼为江湖洄游性鱼类，繁殖季节它们随涨水过程溯河而上在流水中进行繁殖；银鲴、黄尾鲴、细鳞斜颌鲴 3 种鱼为鲴亚科鱼类，洪水季节它们溯河而上在流水中产卵，但它们的洄游路线较短。

由于人类活动的影响增加，鱼类资源减少，主要表现在：鱼类种类和数量明显减少，近年来部分洄游性鱼类如鲥鱼、河鲀等在信江几乎绝迹，台湾白甲鱼、唇䱻、鳜结鱼等已极少见，花䱻、赤眼鳟等产量也大大下降。鱼类低龄化、小型化趋势明显：调查的四大家鱼中，青鱼、草鱼、鲢和鳙的种群年龄结构均以 1 ~ 2 龄鱼为主；调查的刺鲃群体中，全长 30 cm 以下个体捕捞率为 70%。丰溪河花䱻、青鱼、草鱼、鲢、鳙、鲤、鲇 7 种主要经济鱼类的捕捞规格和捕捞年龄均偏小，大多数个体未达到性成熟，种群捕捞死亡系数偏高，信江鱼类资源呈现明显减少趋势。

## 2.5 研究方法

### 2.5.1 水动力模型理论基础及水动力特性分析

(1)模型基本原理

一维水动力模型是由河流与分汊点所构成的体系，每个分汊点有三条或以上河流连通并与河流的上下边界相连，MIKE11 是对流扩散、水质和降雨径流等建模的基础，通过 6 点 Abbott-lonescu 有限差分格式可以对圣维南方程求解。

圣维南方程组包括连续方程及动量方程，分别满足质量守恒定律及牛顿第二定律，具体表示为如下形式[95]：

连续方程：

$$\frac{\partial A}{\partial t}+\frac{\partial Q}{\partial x}=q$$

运动方程：

$$\frac{\partial Q}{\partial t}+\frac{\partial}{\partial x}\left(\frac{Q^2}{A}\right)+gA\frac{\partial h}{\partial x}+g\frac{Q|Q|}{C^2AR}=q$$

式中：$t$ 为时间坐标，$x$ 为距离坐标，$A$ 为断面过水面积，$Q$ 为断面流量，$\partial$为水位，$q$ 为侧向入流单宽流量，$g$ 为重力加速度，$C$ 为谢才系数，$R$ 为过水断面的水力半径。

(2)水动力特性分析

结合水动力模型及环境流量成分 EFCs(environmental flow components)参数评价指标,构建了八字嘴航电枢纽河段水动力—水生态模型体系,具体如图 2.10 所示。

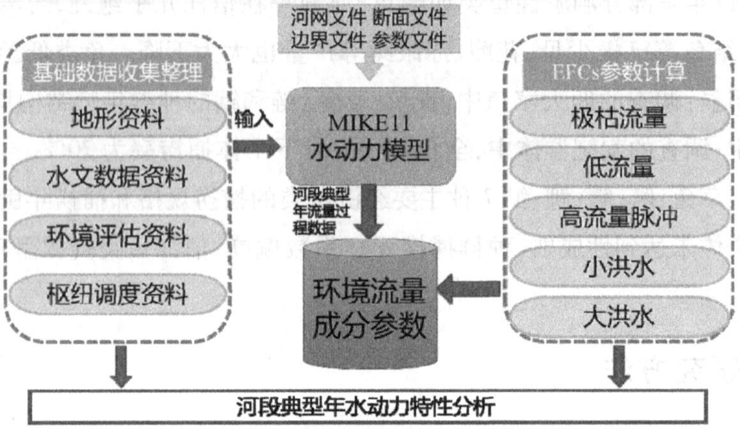


图 2.10　模型体系构建示意图

根据模型体系构建示意图,首先,收集研究区域水文资料,建立 MIKE11 水动力模型,模拟研究区域典型年水文频率下河道流量过程;其次,结合水文软件计算相关流量过程下的环境流量成分参数并进行评价分析;最后,根据环境流量评价分析结果,结合四大家鱼对流量过程及生境环境的需求分析河段典型年流量的水动力变化情况。

## 2.5.2　生态水文指标体系构建

生态水文学耦合了水文过程及生态变化之间的关系,强调环境变化对生物群落造成的影响[96-97]。水文情势变化会影响水生态系统中的物质组成、生态功能及群落结构,因此运用水文指标定性或定量描述水文情势变化过程是生态水文研究的一项重要内容[98-101]。四大家鱼产卵期对河流水文情势有特定需求,在目前已有的 170 余项水文指标中,由 Mathews 等提出的 IHA 水文指标体系中的月均流量及流量脉冲指标都对四大家鱼产卵具有关键作用[102]。因此,选取 IHA 水文指标体系共五类 32 项参数作为生态水文指标体系评价信江下游枢纽建设前后水文情势变化情况,具体见表 2.5。

表 2.5 IHA 参数及其对应的生态系统影响

| IHA 指标 | 参数 | 对生态系统的影响 |
|---|---|---|
| 月均流量值 | 各月流量均值或中值 | 为水生生物提供栖息地；保障植被对土壤水分的有效利用；保障陆地动物对水资源的需求；促进鱼类洄游；影响水温、溶解氧及光合作用 |
| 年极端流量值 | 年最小 1、3、7、30、90 日平均流量、年最大 1、3、7、30、90 日平均流量，基流指数：连续 7 日最小流量/年均流量 | 维持生物之间竞争的平衡；提供植物生长场所；构建河道形态及自然栖息地；保障河流和漫滩的养分交换；影响化学物质的聚集时间；影响湖泊植物群落的分布 |
| 年极端流量值产生日期 | 年最低流量及出现日期<br>年最高流量及出现日期 | 维持生物对生存压力的可预见性或可避免性；维持洄游性鱼类的产卵需求；刺激生物改变生存策略 |
| 高低流量频率与历时 | 高流量脉冲数量及持续时间<br>低流量脉冲数量及持续时间 | 影响土壤水分胁迫及缺氧发生频次及强度；提供河流滩地生物的良好生境；促进流域内及洪泛区营养与有机质的交换；提高土地矿物质的可利用性 |
| 流量改变率与频率 | 年流量平均涨幅率<br>年流量平均降幅率<br>年流量逆转的次数 | 减少植物的干旱胁迫；影响岛屿及洪泛区生物诱捕 |

### 2.5.3 多目标优化模型建立

为兼顾经济和生态效益，本次研究根据八字嘴航电枢纽功能设置相应指标代表经济效益和生态效益，其中经济效益通过航电枢纽发电量作为指标代替，生态效益以基于四大家鱼的生态流量需求为主的生态改变度作为表征指标，通过比例系数调整两项指标权重并计算综合效益。此外，结合航电枢纽运行调度要求设置相应的约束条件并完成多目标优化模型的建立。模型计算采用的遗传算法基于“适者生存，优胜劣汰”理论[103]，借鉴生物进化过程模拟求解优化问题，通过“染色体”表示问题的解，利用二进制、浮点数及整数对染色体编码[104]，计算过程如图 2.11 所示。

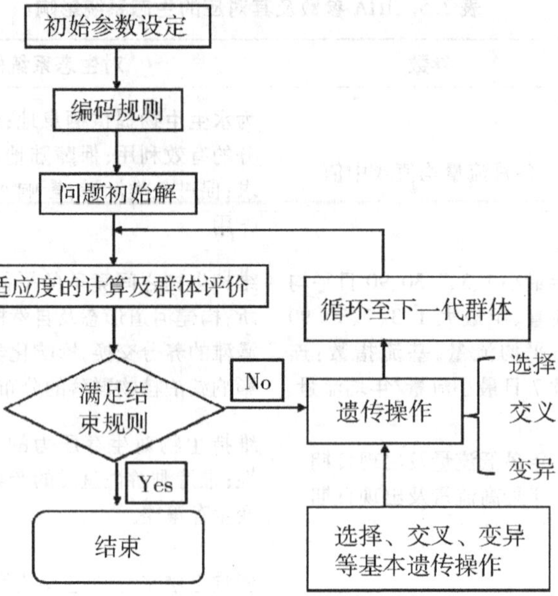


图 2.11 遗传算法计算图

### 2.5.4 数据来源与统计分析

本书使用的水文数据及八字嘴航电枢纽河段断面数据来源于江西省水利厅及信江航运枢纽项目办,土地利用数据来源于 GlobeLand 30 全球地理信息网。收集后的数据通过 Miscrosoft Excel 2019 进行整理及初步计算,通过 MIKE 系列软件完成河道水动力数值模拟,应用 IHA 水文指标软件完成生态水文指标计算,以 MATLAB 软件为平台完成多目标调度模型的计算。图形主要通过 Miscrosoft Power Point 2019、Origin 2019 以及 ArcGIS 10.2 软件进行绘制。

# 3 水动力模型建立

## 3.1 一维水动力模型建立

### 3.1.1 方程离散

应用有限差分法的离散化圣维南方程组，将计算网格由流量点与水位点相间排列组成如图 3.1 所示，即使相邻水位点中间有流动节点，长度也可不相等，流动点和水位节点可以在同一时间步长上，分别采用有限差分法进行运算。

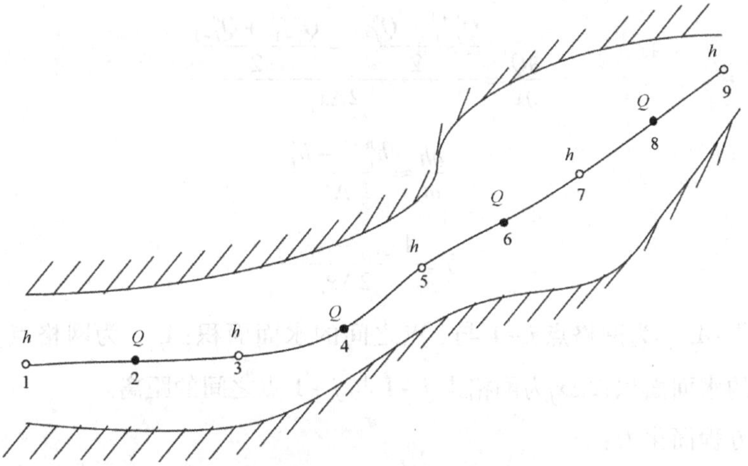


图 3.1 河道断面计算网格示意图

MIKE11 模型中使用的有限差分格式为 6 点中心 Abbott-lonescu 格式，详见图 3.2。

连续方程：

引入宽度 $b$：

$$\frac{\partial A}{\partial t}=b\frac{\partial h}{\partial t}$$

连续方程可转变为：

$$\frac{\partial Q}{\partial x}+b\frac{\partial h}{\partial t}=q$$

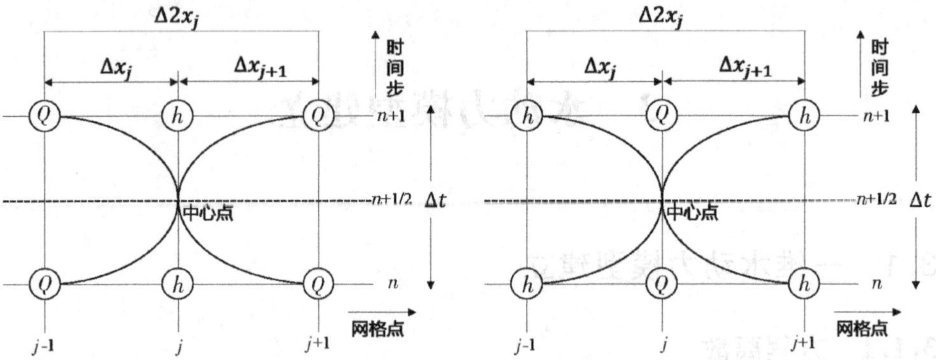


图 3.2　Abbott 六点中心格式图

应用 6 点隐式格式可将连续方程离散为：

$$\frac{\partial Q}{\partial x}\approx\frac{\frac{Q_{j+1}^{n+1}+Q_{j+1}^{n}}{2}-\frac{Q_{j-1}^{n+1}+Q_{j-1}^{n}}{2}}{2\Delta x_j}$$

$$\frac{\partial h}{\partial t}\approx\frac{h_j^{n+1}-h_j^n}{\Delta t}$$

$$b=\frac{A_{j-1,j}-A_{j,j+1}}{2\Delta x_j}$$

式中：$A_{j-1,j}$为网格点 $j-1$ 与 $j$ 点之间的水面面积；$A_{j,j+1}$为网格点 $j$ 与 $j+1$ 点之间的水面面积；$2\Delta x_j$为网格点 $j-1$ 与 $j+1$ 点之间的距离。

将方程简化为：

$$\alpha_j Q_{j-1}^{n+1}+\beta_j h_j^{n+1}+\gamma_j Q_{j+1}^{n+1}=\delta_j$$

式中：$\alpha$、$\beta$、$\gamma$ 为 $b$ 与 $\delta$ 的函数，由 $h$ 点在时间 $n$ 处和 $Q$ 点在时间 $n+1/2$ 处的值决定。

动量方程：

根据 Abbott 六点中心格式差分法将动量方程表示为如下形式：

$$\frac{\partial Q}{\partial t}\approx\frac{Q_j^{n+1}-Q_j^n}{\Delta t}$$

$$\frac{\partial\left(\alpha\frac{Q^2}{A}\right)}{\partial x}\approx\frac{\left[\alpha\frac{Q^2}{A}\right]_{j+1}^{n+1/2}-\left[\alpha\frac{Q^2}{A}\right]_{j-1}^{n+1/2}}{\Delta t}$$

$$\frac{\partial h}{\partial x}\approx\frac{\frac{h_{j+1}^{n+1}+h_{j+1}^{n}}{2}-\frac{h_{j-1}^{n+1}+h_{j-1}^{n}}{2}}{2\Delta x_j}$$

对二次项引入如下公式：

$$Q^2\approx\theta Q_j^{n+1}Q_j^n-(\theta-1)Q_j^nQ_j^n$$

式中：$\theta$ 角默认值为 1。

综上，动量方程可表示为：

$$\alpha_j h_{j-1}^{n+1}+\beta_j Q_j^{n+1}+\gamma_j h_{j+1}^{n+1}=\delta_j$$

式中：

$$\alpha_j=f(A);\beta_j=f(Q_j^n,\Delta t,\Delta x,C,A,R);\gamma_j=f(A);$$

$$\delta_j=f(Q_j^n,C,A,\Delta x,\Delta t,a,q,v,\theta,h_{j-1}^n,Q_{j-1}^{n+\frac{1}{2}},Q_j^n,h_{j+1}^n,Q_{j+1}^{n+\frac{1}{2}})$$

### 3.1.2 方程求解

(1)河道方程

通过差分法离散后的方程可得河道内某一水力变量$Z_j$(包括水位$h_j$或流量$Q_j$)与相邻点的关系，可表示为如下方程：

$$\alpha_j Z_{j-1}^{n+1}+\beta_j Z_j^{n+1}+\gamma_j Z_{j+1}^{n+1}=\delta_j$$

对 $n$ 个差分网格中的 $n$ 项方程使用标准消元方法求解，可将河道内任意点的水力变量$Z_j$(包括水位$h_j$或流量 $Q_j$)表示为上下游水位点函数，如下式：

$$Z_j^{n+1}=c_j+a_jZ_{us}^{n+1}-b_jZ_{ds}^{n+1}$$

式中：$Z_{us}^{n+1}$为上游水位，$Z_{ds}^{n+1}$为下游水位。

(2)节点方程组

以三节点控制体为例，用连续性方程表示围绕节点的控制体公式如下：

$$\frac{H^{n+1}-H^n}{\Delta t}A_{f1}=\frac{1}{2}(Q_{A,n-1}^n+Q_{B,n-1}^n-Q_{C,2}^n)$$
$$+\frac{1}{2}(C_{A,n-1}-a_{A,n-1}H_{A,us}^{n+1}-b_{A,n-1}H^{n+1}+C_{B,n-1}-a_{B,n-1}H_{B,us}^{n+1}$$
$$-b_{B,n-1}H^{n+1}-C_{C,2}+C_{C,2}H^{n+1}+b_{C,2}H_{C,ds}^{n+1})$$

式中：$H$ 为节点水位；$H_{A,us}$为支流 $A$ 上游端节点水位；$H_{B,us}$为支流 $B$ 上游端节点水位；$H_{C,ds}$为支流 $C$ 下游端节点水位。

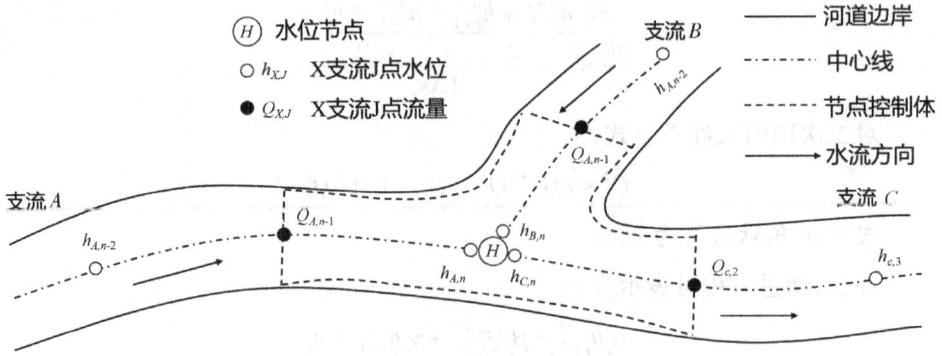


图 3.3 河道节点方程示意图

如图 3.3 所示，运用线性函数表示各节点水位与相连节点的关系，$N$ 个节点可得 $N$ 项方程，在已知边界水位及流量情况下可通过高斯消元法求解方程组的各节点水位后回代求解河道任意网格点的水位及流量值。

(3)边界条件

当河道边界节点输入水位随时间变化的数据为 $h=h_{(t)}$ 时，边界节点方程可表示为：

$$h_{j,1}^{n+1}=H_{us}^{n+1}\text{或}h_{j,1}^{n+1}=H_{ds}^{n+1}$$

如图 3.4 所示，当河道边界节点输入流量随时间变化的数据 $Q=Q_{(t)}$ 时，对控制体应用连续方程可得：

$$\frac{H^{n+1}-H^{n}}{\Delta t}A_{f1}=\frac{1}{2}(Q_{b}^{n}-Q_{2}^{n})+\frac{1}{2}(Q_{b}^{n+1}-C_{2}+a_{2}H^{n+1}b_{2}H_{ds}^{n+1})$$

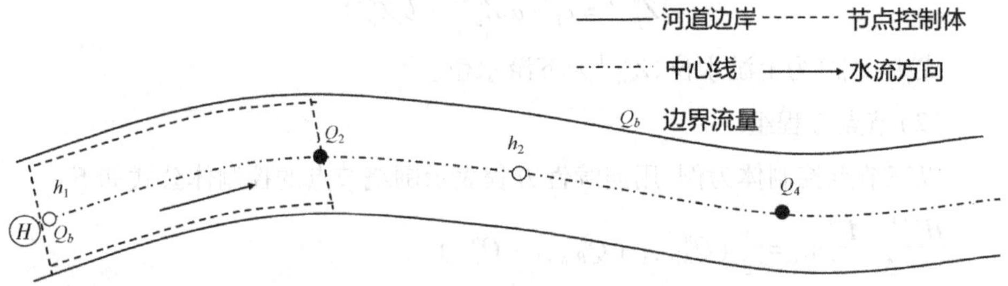


图 3.4 流量边界示意图

## 3.2 模型介绍

MIKE11 软件是丹麦水力研究所开发并应用于模拟河道水流、水质及泥沙运输过程的专业软件系统，软件自带水动力模拟、降雨径流、泥沙运输及对流扩散等多种模块,可有效解决水动力特性分析、洪水预报、水质调控、溃坝演示等问题。本次研究主要应用 MIKE11 软件的水动力模块 MIKE11-HD(hydrodynamic module),通过建立一维河网水动力模型能有效模拟河道各断面流量过程的情况,同时可在河网文件中添加并模拟桥梁、闸门、管道及堰等多种水工建筑物。

MIKE11 水动力模型建立主要包括构建以下数据文件:河网文件(.nwk11)、断面数据文件(.xns11)、边界条件文件(.bnd11)、参数文件(.hd11)、时间序列文件(.dfs0)。具体结构如图 3.5 所示:

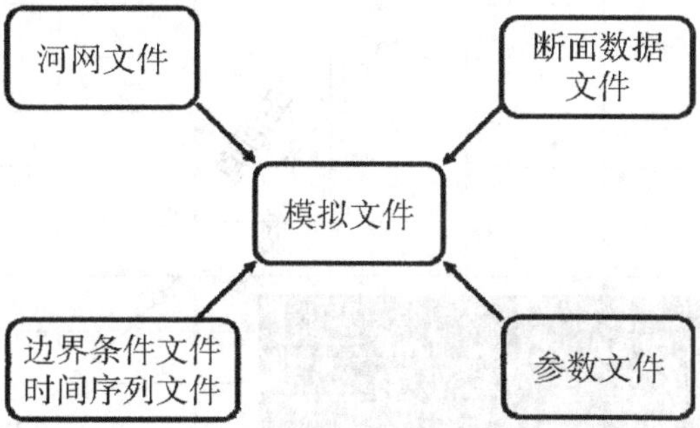


图 3.5　MIKE11-HD 模型结构图

## 3.3　一维研究区域模型构建

水动力模型构建区域起点为界牌枢纽,终点为八字嘴航电枢纽下游河段,总长度为 49 km,利用现有水文资料,考虑白塔河作为支流,模型在八字嘴枢纽处分为西大河与东大河两部分。

### 3.3.1　河网概化

河网通常由两条或两条以上河流组成,在模型中分别被处理为主河(汇总河段+西大河河段)和东大河(东大河河段)两条河流。河道中游分汊河段概化为一维河网形式,主要支流白塔河处理为从旁侧流。为保证概化河网能反映天然河网基本的水力特性,河道调蓄量与天然状况应保持一致。模型输入的水工建筑物包括上游界牌枢纽,下游东大河虎山咀枢纽及西大河貊皮岭枢纽。具体河网概化情况见图 3.6。

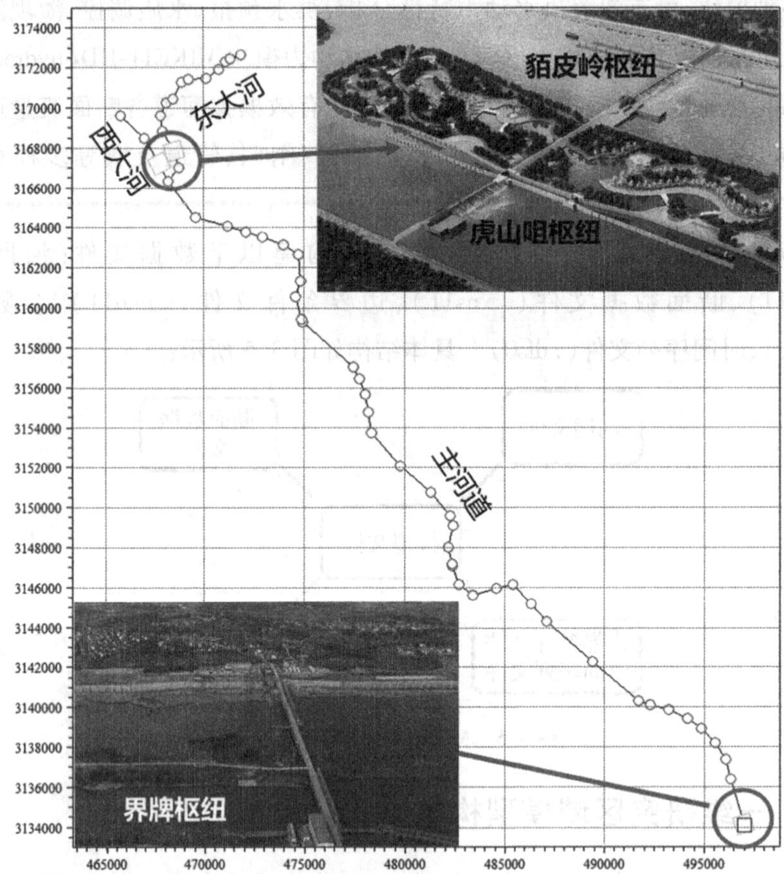


图 3.6　研究区域河网布置图

### 3.3.2　河网断面数据文件建立

研究区域河段较为顺直,断面形态多变。为充分反映河势及水动力特性,有效模拟河道沿程变化情况,在研究区域尽量多提取断面,保证断面数据文件能准确反映河道变化特点及过水能力。河道断面资料采用 2016 年绘制的信江八字嘴枢纽航道库区 1∶5000 地形图,平均每 200 m 提取一个断面。

### 3.3.3　边界条件文件建立

边界文件分为开边界与附加边界:开边界主要为河流的开始与结束处,用于描述模型边界与外部的相互作用;附加边界用于描述河网内部的相互作用,包括点源边界、分布式边界及全域边界。外部边界值通常采用流量与水位值,数据类型包括恒定值、时间序列文件中定义的值以及周期变化值。本次研究模型共三个外部边界，上边界条件取界牌枢纽河段流量过程，下边界条件分别给定虎山咀枢纽及貊皮岭枢纽下游水位数据，支流白塔河入汇流量处理为旁侧入流，如表 3.1 所示。

表 3.1 研究区域边界条件输入表

| | Boundary Description | Boundary Type | Branch Name | Chainage | Chainage | Gate ID | Boundary ID |
|---|---|---|---|---|---|---|---|
| 1 | Open | Inflow | 信江主河道上边界流量 | 0 | 0 | | 2020 |
| 2 | Point Source | Inflow | 白塔河流量 | 12950.946 | 0 | | 2020 |
| 3 | Open | Water Level | 西大河下边界水位 | 56793.645 | 0 | | 2020 |
| 4 | Open | Water Level | 东大河下边界水位 | 9115.4934 | 0 | | 2020 |

### 3.3.4 参数文件建立

参数文件依照经验大部分参数选择默认值，主要调整河道糙率。天然河道糙率受河床形态、流量、泥沙等多种因素影响，综合反映了河道形状、河势、河床粗糙度等多方面要素对河道水流的阻力。本次研究利用实测水文数据反推糙率，根据经验值确定初始糙率，对比模型计算水位与实测水位误差，根据两组数据对比结果不断调整糙率取值，经过反复试算至模型计算结果与实测结果拟合度较高为止[22]。

### 3.3.5 模型的率定及验证

选取平均绝对误差（MAE）、平均相对误差（MRE）、均方根误差（RMSE）以及纳什效率系数（NSE）四项指标定量分析模型模拟结果与实测数据的拟合程度，模型误差分析结果如表 3.2 所示。率定及验证后的模型误差指标均在有效范围内，且参数优化后的模型精度更高，适用性得到保证，可以用于模拟信江八字嘴航电枢纽河段流量变化情况。

表 3.2 模型误差分析表

| 模型运行时期 | MAE/m（<0.5） | MRE/%（<0.05） | RMSE/m（<0.5） | NSE（>0.8） |
|---|---|---|---|---|
| 率定期 | 0.27 | 0.018 | 0.33 | 0.95 |
| 验证期 | 0.19 | 0.014 | 0.25 | 0.97 |

选取梅港站 2005 年实测水位数据对河道综合糙率进行率定，率定所得糙率值范围为 0.02 ~ 0.04，结果如图 3.7 所示。

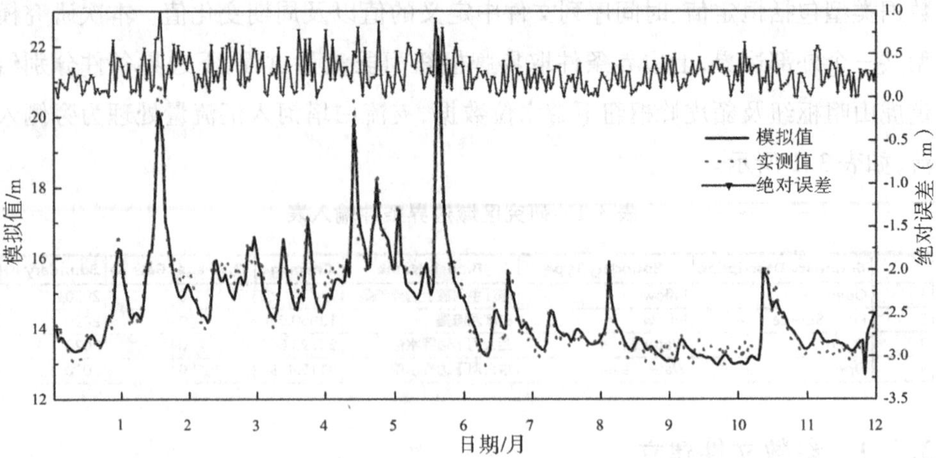


图 3.7　率定期实测水位与模拟水位对比

对糙率取值优化后选取梅港站 2011 年实测水位数据对率定结果进行验证,结果如图 3.8 所示:

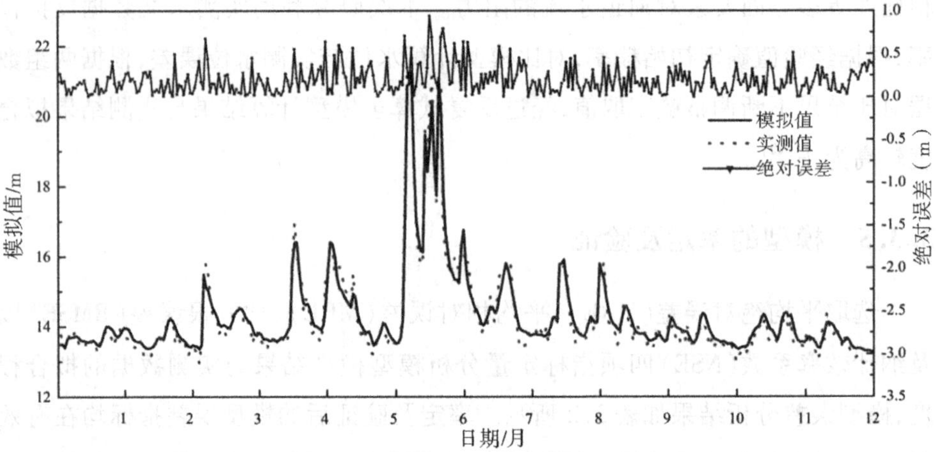


图 3.8　验证期实测水位与模拟水位对比

信江下游至八字嘴航电枢纽河段一维水动力模型以现有实测断面及水文资料为基础,利用 MIKE11 水动力模型软件搭建,结合研究区域内水文站实测水位流量数据对模型进行率定及验证。结果显示,模型具有良好的适用性,可以有效模拟信江下游界牌至八字嘴航电枢纽河段产卵场典型年的流量过程情况,为后续研究区域河段典型年水动力特性分析提供模型支撑。

## 3.4 典型年水动力特性分析

### 3.4.1 典型年选择

根据信江下游梅港站实测水文数据计算得到信江下游多年平均径流量，利用水文频率分布曲线适线软件绘制频率曲线，经过三次配线最终得到年径流量频率曲线图，如图3.9所示。

根据配线结果选取25%、50%以及75%保证率下的设计值所接近的年份作为典型年份，根据同倍比系数对比结果，选取1977年为丰水年、1987年为平水年、2011年为枯水年，年径流设计值及同倍比系数计算结果见表3.3。

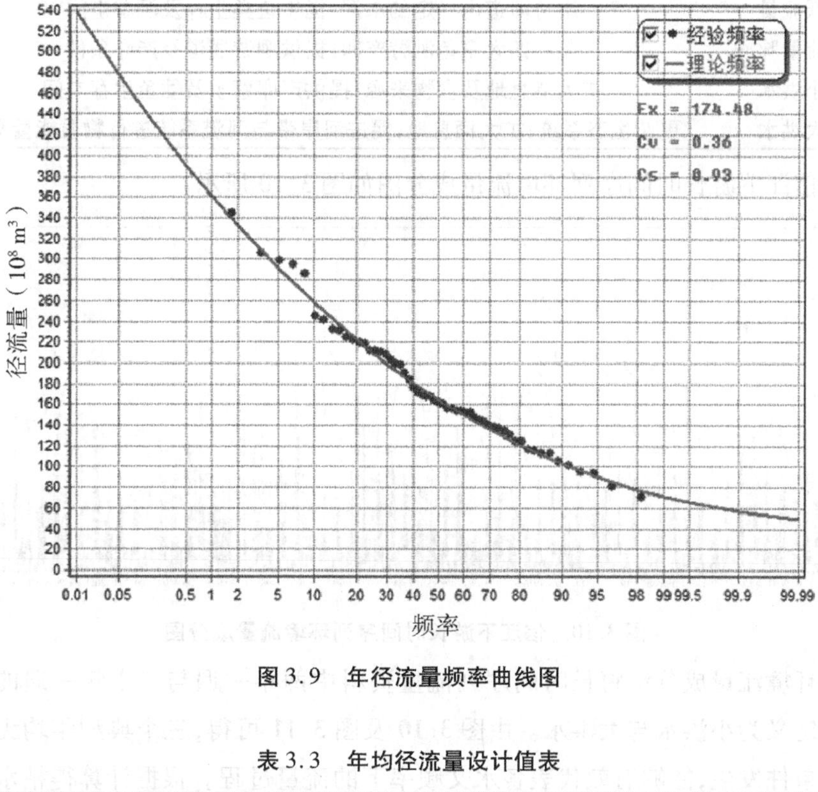


图3.9 年径流量频率曲线图

表3.3 年均径流量设计值表

| 保证率 | 设计值（$10^8$ $m^3$） | 典型年选择 | 实际值（$10^8$ $m^3$） | 同倍比系数 |
|---|---|---|---|---|
| 25% | 209.96 | 1977 | 209.53 | 1.002 |
| 50% | 164.88 | 1987 | 160.65 | 1.026 |
| 75% | 128.59 | 2011 | 129.53 | 0.993 |

### 3.4.2 四大家鱼产卵场水文过程分析

环境流量成分(environment flow components,EFCs)能简便设定流量管理目标,依据流量大小将河道流量分为大洪水、小洪水、高流量脉冲、低流量及极枯流量,对四大家鱼的影响如表3.4所示[105]。本次研究应用已建立的水动力模型模拟信江下游产卵场断面水文过程,耦合环境流量成分法分析信江下游产卵场断面在各典型年下的水文过程情况。

表3.4 环境流量成分类型及对四大家鱼的影响

| EFCs类型 | 对四大家鱼的影响 |
|---|---|
| 极枯流量 | 维持河流纵向连通性;保持河道不断流 |
| 低流量 | 维持河道内一定的水深;提供鱼类生存及洄游空间 |
| 高流量脉冲 | 刺激四大家鱼洄游产卵;提供洄游通道及产卵条件 |
| 小洪水 | 扩大栖息地及食物来源;提供产卵繁殖及幼鱼生存空间 |
| 大洪水 | 更新生态系统;扩大栖息地;促进河岸带与河流系统进行物质能量交换 |

信江下游长时间序列环境流量成分图如图3.10所示:

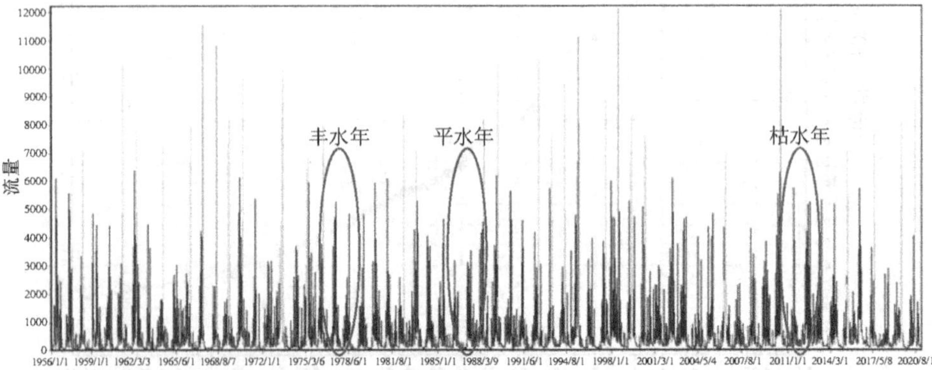


图3.10 信江下游长时间序列环境流量成分图

环境流量成分法将长时间序列流量资料中两年一遇与二十年一遇的洪水分别定义为小洪水与大洪水。由图3.10及图3.11可得,三个典型年均无极端洪水事件发生,能够有效代表各水文频率下的流量过程。根据计算得枯水年平均流量为402 $m^3/s$,平水年平均流量为508 $m^3/s$,丰水年平均流量为602 $m^3/s$。分析典型年各月月均流量可得枯水年各月月均流量低于其他典型年份,水资源总量最低。平水年相较于枯水年在1—5月份平均流量有大幅度提升,在6—12月份平均流量有轻微下降。丰水年在1、2、5、6、8月份的月均流量均高于平水年及枯水年，其中6月份月均流量最大，4月和7月月均流量与平水年近似，整体水资源总量最高。

信江下游典型年产卵场断面环境流量高流量脉冲成分图如图3.11所示：

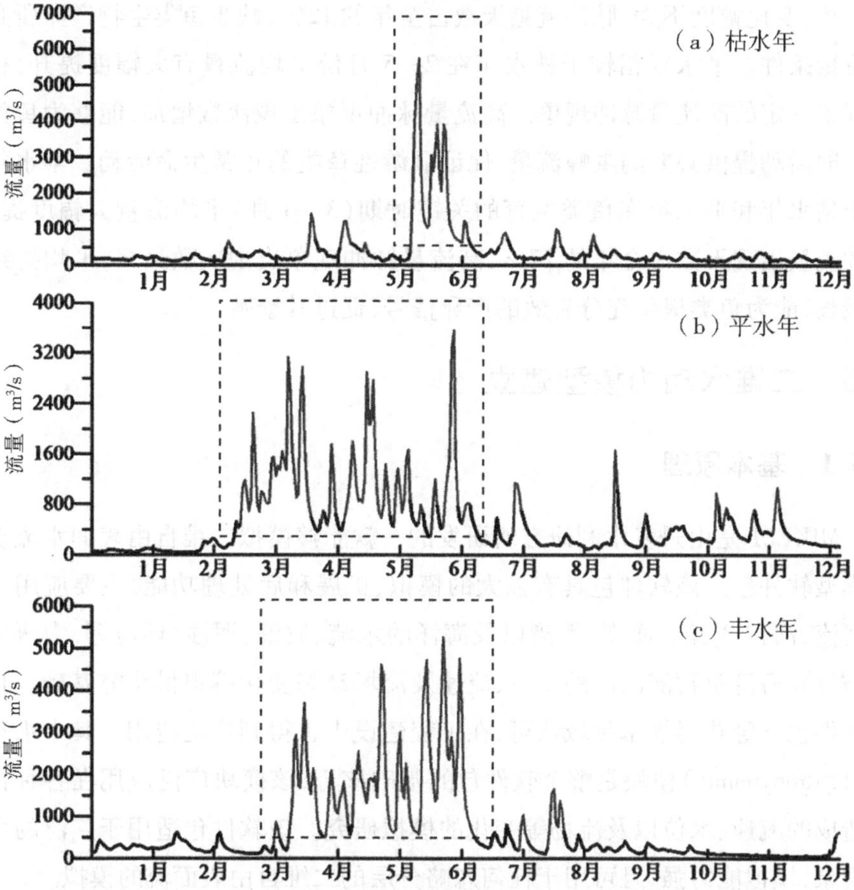


图3.11　信江下游典型年产卵场断面环境流量高流量脉冲成分图

极枯流量是根据历年来极枯流量发生月份确定。极枯流量是维持河道不断流的最低流量。低流量是河道的基本流量，在河道内维持了河流生态系统的基本功能。从环境流量成分图中分析可得枯水年流量在非汛期保持较高值，所有月份流量均处于低流量及以上；平水年在1月和2月份出现极枯流量现象；丰水年流量变化范围较大，在枯水期12月份出现极枯流量现象。三个典型年份中，枯水年流量整体变化范围较小，非汛期流量较高，汛期流量较低。平水年和丰水年大部分月份流量处于较高水平，但是由于流量变化范围较大，导致平水年和丰水年均出现了极枯流量现象。

高流量脉冲体现了河流快速涨水落水的过程,该流量提升了河道连通性,是以四大家鱼为代表的洄游性鱼类产卵的关键信号。根据各典型年环境流量成分图可得枯水年除6月份有较高流量脉冲现象外,其他月份流量分配过程区域平均,变化幅度不大,脉冲流量天数占全年的12%,缺少鱼类生物产卵所必需的流量条件。平水年相较于枯水年在2—5月份平均流量有大幅度提升,相应出现了一定的高流量脉冲现象。高流量脉冲现象出现次数增加,能够为鱼类生物产卵活动提供必要的洪峰流量,保证洄游性鱼类的正常生命活动。丰水年相较于枯水年和平水年在鱼类发育的关键时期(3—6月)平均流量大幅度提升,脉冲流量出现天数占全年的27%,高流量脉冲现象出现次数最多,平均持续时间最长,能为鱼类提供充分有效的产卵信号,促进其繁殖。

## 3.5 二维水动力模型建立

### 3.5.1 基本原理

MIKE21是由丹麦水利研究所研发的一款能够模拟二维自由表面水流功能的模型软件包。该软件包具有强大的模拟、扩展和后处理功能,主要应用于模拟河流、河口、湖泊、海岸、海湾以及海洋的水流、波浪、泥沙、环境等,为研究河流、湖泊、海湾及蓄滞洪区的水位、流速及流场动态变化等提供研究基础。目前该软件包已经获得学术领域认可,在工程建设中也得到广泛应用。其中水动力学(Hydrodynamic)模块是整个软件包的基础核心,该模块广泛应用在各种作用力造成的流速、水位以及流场等变化的模拟研究。该软件包适用于广泛的水动力现象,模拟能力强,且可用于任何忽略分层的二维自由表面流的模拟。

软件包中的水动力模块还包含泥沙子模型,它与水动力模型是非耦合模型,是在水动力模型的基础上通过设置泥沙条件,对研究区域的泥沙运动和河床的演变过程进行模拟。软件包把水动力模型与泥沙输移模型整合,简化了建模流程,缩短了建模时间。水动力学控制方程的求解在泥沙输移方程求解的前一个时间步里完成,然后计算出新的床面高程,并对下一时间步的水流方程进行求解。

本项目通过MIKE21系列软件包对研究区域进行模拟,对模型进行率定及通过验证来确保模型的精度,并运用MIKE21系列软件对结果进行后期处理。该模型主要的计算方程是基于水力学中Navier-Stokes(纳维叶-斯托克斯)方程的二维浅水方程网。因此,该模块包括许多常用的连续性方程、动量方程以及密度等。有限体积法是该模型应用的数值解法。在计算时控制方程离散,变量处于控制单元中心,而通量垂直于控制单元边。有限体积法中法向通量通过在沿外法向设立单元水动力模型,并求解一维黎曼问题而得到。

该模块的基本原理基于 Navier-Stokes 雷诺平均应力方程,服从静水压力假设和 Boussinesq 假设。

$$h = \eta + d$$

平面二维水流连续性方程为:

$$\frac{\partial h}{\partial t} + \frac{\partial h\bar{u}}{\partial x} + \frac{\partial h\bar{v}}{\partial y} = hS$$

平面二维水流的动量方程为:

$$\frac{\partial h\bar{u}}{\partial t} + \frac{\partial h\bar{u}^2}{\partial x} + \frac{\partial h\bar{u}\bar{v}}{\partial y} = f\bar{v}h - gh\frac{\partial \eta}{\partial x} - \frac{h\partial P_a}{\rho_0 \partial x} - \frac{gh^2}{2\rho_0}\frac{\partial \rho}{\partial x} + \frac{\tau_{sx}}{\rho_0} - \frac{\tau_{bx}}{\rho_0} - \frac{1}{\rho_0}\left(\frac{\partial s_{xx}}{\partial x} + \frac{\partial s_{xy}}{\partial y}\right) + \frac{\partial}{\partial x}(hT_{xx}) + \frac{\partial}{\partial y}(hT_{xy}) + hu_s S$$

$$\frac{\partial h\bar{u}}{\partial t} + \frac{\partial h\bar{u}^2}{\partial y} + \frac{\partial h\bar{u}\bar{v}}{\partial x} = -f\bar{v}h - gh\frac{\partial \eta}{\partial y} - \frac{h\partial P_a}{\rho_0 \partial y} - \frac{gh^2}{2\rho_0}\frac{\partial \rho}{\partial y} + \frac{\tau_{sy}}{\rho_0} - \frac{\tau_{by}}{\rho_0} - \frac{1}{\rho_0}\left(\frac{\partial s_{yx}}{\partial x} + \frac{\partial s_{yy}}{\partial y}\right) + \frac{\partial}{\partial x}(hT_{xy}) + \frac{\partial}{\partial y}(hT_{yy}) + hv_s S$$

$$h\bar{u} = \int_{-d}^{\eta} u dz$$

$$h\bar{v} = \int_{-d}^{\eta} v dz$$

式中:$t$ 为时间;$g$ 为重力加速度;$\eta$ 为河底高程;$h = \eta + d$ 为总水头;$u$、$v$ 为 $x$、$y$ 方向的速度分量;$x$,$y$ 和 $z$ 为笛卡尔坐标;$\bar{u}$、$\bar{v}$ 为水深平均流速;$d$ 为静止水深;$u_s$、$v_s$ 为源汇项水流的流速;$\rho$ 为水的密度;$P_a$ 为大气压强;$S$ 为点源流量大小;$\rho_0$ 为水的相对密度;$s_{xx}$、$s_{xy}$、$s_{yx}$、$s_{yy}$为应力的分量。

应力项主要包括粘滞和湍流摩擦以及差异平流,并可由涡粘性公式算得。

$$T_{xx} = 2A\frac{\partial \bar{u}}{\partial x}, T_{xy} = A\left(\frac{\partial \bar{u}}{\partial y} + \frac{\partial \bar{v}}{\partial x}\right), T_{yy} = 2A\frac{\partial \bar{v}}{\partial y}$$

泥沙输移过程同样是个质量守恒的对流—扩散问题,可以用对流—扩散方程来描述:

$$\frac{\partial \bar{c}}{\partial t} + \bar{u}\frac{\partial \bar{c}}{\partial x} + \bar{v}\frac{\partial \bar{c}}{\partial y} = \frac{1}{h}\frac{\partial}{\partial x}\left(hD_x\frac{\partial \bar{c}}{\partial x}\right) + \frac{1}{h}\frac{\partial}{\partial y}\left(hD_y\frac{\partial \bar{c}}{\partial y}\right) + \frac{1}{h}Q_L C_L - S_b$$

式中:$\bar{c}$ 为垂线平均含沙量,$kg/m^3$;$D_x$、$D_y$ 为泥沙的扩散系数,$m^2/s$;$Q_L$为单

位水平面积的源流量,$m^3/(s\cdot m^2)$;$C_L$为源(汇)的含沙量,$kg/m^3$;$S_b$为含沙量增长或床面侵蚀项,$kg/(m^3\cdot s)$。

### 3.5.2 计算方法

目前数学模型中离散分析方法很多,得到广泛运用的有四种:有限元法、有限差分法、有限分析法和有限体积法。由于有限体积法具备诸多无法替代的优点,如守恒性良好、能处理连续水流及间断水流等,因此本书选择有限体积法对控制方程进行求解。有限体积法又被称为控制体积法(control volume method),其属于采用局部近似的离散方法。1971 年,McDonald 首次利用该离散方法求解二维欧拉方程,对于地形比较复杂、水流间断的求解问题有明显的优势。近三十年来有限体积法迅速发展,越来越受到水动力学者的青睐。

有限体积法遵循物理规律,能得出直接的物理解析,每一离散方程在有限的体积内某物理量的表达式都守恒,整个推导过程的基本思路清晰、易于理解,并能保证离散方程的因变量守恒。有限体积法对于不规则网格和复杂多变的自然河道边界适应能力更强,对于研究区域比较复杂的地形、水流间断的问题有其独特的优势,处理效率比有限元方法更具有优势,所以在数值模拟中的发展潜力巨大。使用有限体积法求解控制方程需要对模型计算区域进行网格化。网格依据结构形式可分为结构网格、非结构化网格,依据形状又可分为三角形、四边形网格。非结构化网格对比结构网格具有在复杂边界条件下适应能力更强的优点。而三角形网格比四边形网格更适合处理局部地形变化,能准确地逼近水下地形。因此,本次数学模型选择适应能力更强的非结构化三角形网格。图 3.12 中的黑点表示单元的型心,箭头表示通量的进出和方向。

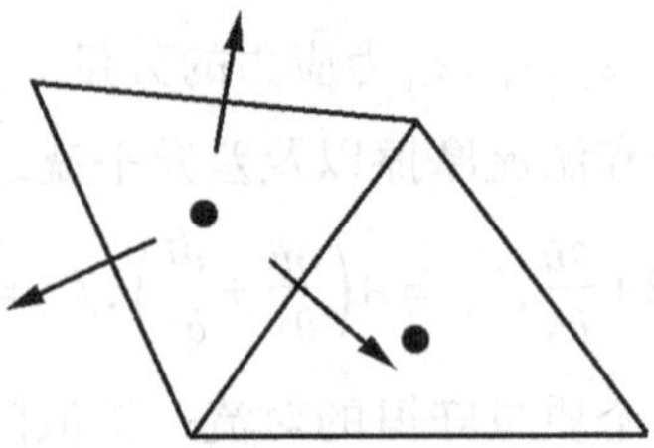

图 3.12 非结构化三角形网格

控制方程的离散浅水方程组的一般形式可表达为:

$$\frac{\partial U}{\partial t}+\nabla\cdot F(U)=S(U)$$

式中：$U$ 为具有方向且守恒的物理量；$F=[fx,Fy]$ 为具有方向的通量；$S$ 为源汇项。

上式在笛卡尔坐标系中写为：

$$\frac{\partial U}{\partial t}+\frac{\partial(F_x^I,F_x^V)}{\partial x}+\frac{\partial(F_y^I,F_y^V)}{\partial y}=S$$

式中：$I$ 为无粘性的通量；$U$ 为有粘性的通量。

各项取值如下：

$$U=\begin{bmatrix} h \\ h\bar{u} \\ h\bar{v} \end{bmatrix}$$

$$F_x^I=\begin{bmatrix} h\bar{u} \\ h\bar{u}^2+\frac{1}{2}g(h^2-d^2) \\ h\bar{v}\bar{u} \end{bmatrix}$$

$$F_x^V=\begin{bmatrix} 0 \\ hA\left(2\frac{\partial\bar{u}}{\partial x}\right) \\ hA\left(\frac{\partial\bar{u}}{\partial y}+\frac{\partial\bar{v}}{\partial x}\right) \end{bmatrix}$$

$$F_y^I=\begin{bmatrix} h\bar{v} \\ h\bar{v}^2+\frac{1}{2}g(h^2-d^2) \\ h\bar{v}\bar{u} \end{bmatrix}$$

$$F_y^V=\begin{bmatrix} 0 \\ hA\left(2\frac{\partial\bar{v}}{\partial x}\right) \\ hA\left(\frac{\partial\bar{u}}{\partial y}+\frac{\partial\bar{v}}{\partial x}\right) \end{bmatrix}$$

$$S=\begin{bmatrix} 0 \\ f\bar{v}h+g\eta\frac{\partial d}{\partial x}-\frac{h\partial P_a}{\rho_0\partial x}-\frac{gh^2\partial\rho}{2\rho_0\partial x}+\frac{\tau_{sx}}{\rho_0}-\frac{\tau_{bx}}{\rho_0}-\frac{1}{\rho_0}\left(\frac{\partial s_{xx}}{\partial x}+\frac{\partial s_{xy}}{\partial y}\right)+hu_s \\ -f\bar{v}h+g\eta\frac{\partial d}{\partial y}-\frac{h\partial P_a}{\rho_0\partial y}-\frac{gh^2\partial\rho}{2\rho_0\partial y}+\frac{\tau_{sy}}{\rho_0}-\frac{\tau_{by}}{\rho_0}-\frac{1}{\rho_0}\left(\frac{\partial s_{yx}}{\partial x}+\frac{\partial s_{yy}}{\partial y}\right)+hu_s \end{bmatrix}$$

对上述方程第 $i$ 个单元体积分，并结合 Gauss 原理重写可得：

$$\int_{A_i} \frac{\partial U}{\partial t} d\Omega_i + \int_{\Gamma_i} (F \cdot n) ds = \int_{A_i} S(U) d\Omega_i$$

式中：$A_i$ 为单元体；$\Omega_i$ 为表面的面积；$\Gamma_i$ 为单元体的表面边界；$n$ 为单元体表面外法向的单位向量；$ds$ 为沿着边界的积分。

在上式中，利用处于单元体内的质点进行单点求积计算面积，另外利用处于单元体内的质点进行中点求积计算边界，上述方程可以写成如下：

$$\frac{\partial U_i}{\partial t} + \frac{1}{A_i} \sum_{j}^{NS} F \cdot n \Delta \Gamma_j = S_i$$

式中：第 $i$ 个单元体的 $U$ 和 $S$ 均值用 $U_i$ 和 $S_i$ 代表；单元体的边界个数用 $NS$ 表示；第 $j$ 个单元边界长度则用 $\Delta \Gamma_j$ 表示。

(2)时间积分

方程的一般形式：

$$\frac{\partial U}{\partial t} = G(U)$$

目前二维浅水湖泊控制方程主要有两种求解方法：低阶求解法和高阶求解法。

低阶求解法，即低阶显式 Euler 法：

$$U_{n+1} = U_n + \Delta t G(U_n)$$

式中：$\Delta t$ 为时间步长。

高阶方法为二阶的 RungeKutta 法：

$$U_{n+\frac{1}{2}} = U_n + \frac{1}{2} \Delta t G(U_n)$$

$$U_{n+1} = U_n + \Delta t G(U_{n+1/2})$$

## 3.6 二维水动力模型区域概况

(1)地理位置

信江是鄱阳湖重要的支流，它发源于浙江和江西边境的怀玉山，自东向西流经江西省内的玉山、上饶、铅山、弋阳、贵溪、鹰潭等县(市)，在余干县新渡万家(八字嘴)分东大河和西大河两支注入鄱阳湖。信江连通了江西的东北部地区，该区域内矿产资源丰富，工业门类相对齐全，工业基础较好，有良好的经济社会发展势头。信江是该地区的重要运输通道,较好的社会发展势头使得人们对信江高等级航道的开发与利用提出了更高的要求,但由于信江常年缺乏治理,一定程度上降低了河道的行洪功能,阻碍了航道的发展。研究区域隶属鄱阳湖周边,地处平原地带,河道开阔,水流较为缓慢,易于泥沙淤积,为江心洲的发育演变提供了良好的自然条件,易形成河道分汊。

本书研究区域地处上饶市黄金埠镇西南部,距上游界牌枢纽 17 km。研究区域全长 25 km,河道纵比降 0.263‰,河床砂质为非粘性细沙。研究区域分布着两个大型的江心洲:小洲、中洲。两个洲滩形成的分汊河道同为顺直分汊河道。由于小洲的左汊道被填平并修建了过江公路,左汊道被阻断,故该分汊河已经停止发育,但在丰水期左汊低洼处依然会被水淹没,为保证模型精度,依然在该区建立计算网格纳入模型计算。研究对象中洲分汊河道全长 2.1 km,分流区长 0.6 km,分流段长 1 km,汇流区长 0.5 km。

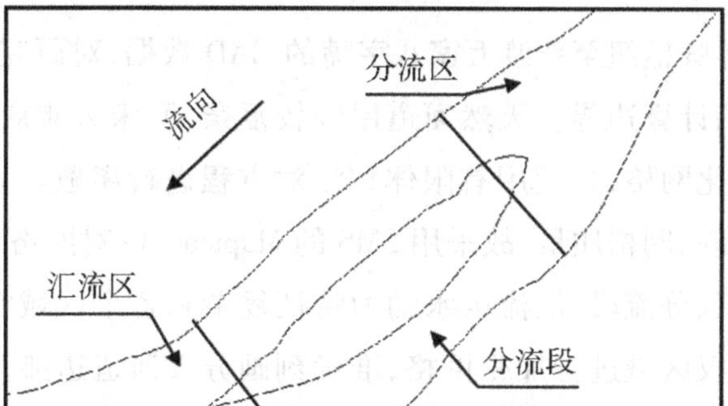


**图 3.13　区域划分图**

(2)气象条件

根据信江流域内主要测站统计资料,流域内各站多年平均降雨量为 1820.5 mm,单站年最大降雨量为 1954 年弋阳站测得 2833.9 mm,单站年最小降雨量为 1971 年广丰站测得 923.7 mm;流域内多年平均相对湿度为 79.2%,最小相对湿度为 4%;多年平均蒸发量为 1384.7 mm,实测最大月蒸发量为 1961 年 7 月贵溪站测得 363.6 mm,实测最小月蒸发量为 1998 年 1 月余江站测得 18.2 mm;多年平均无霜期天数为 263 d,多年平均日照小时数为 1706 h。

## 3.7 网格构建及参数设置

### 3.7.1 基本数据

地形数据是二维水动力模拟的重要基础数据,反映了研究区域的实际地表高低起伏情况。对地形数据的处理直接影响到研究区域水位演进数值模拟的结果。本书研究基于实测的信江界牌枢纽至新渡万家八字嘴的 1∶10000 CAD 地形图;研究区域的流量、泥沙数据以上游的梅港水文站所在位置作为采集点,采用梅港水文站收集的 2016 年、2018 年的逐日水位流量数据和 2016 年、2018 年的月平均输沙率数据进行率定及验证。书中涉及的水位数据采用 1985 年黄海高程,必须对梅港水位站的水位数据进行换算。

### 3.7.2 网格划分

根据信江界牌枢纽至新渡万家八字嘴的 CAD 数据,对研究区域进行圈定,确定研究区域的计算边界。天然河道岸线较复杂,河床边滩众多,针对以上特点,采用非结构化网格,并使用有限体积法对方程进行离散。为了方便对网格进行划分以及提高网格质量,故采用 SMS 的 Mapmodule 对网格进行划分。结合分汊河道分流区、分流段、汇流区水动力特征复杂和各个区域特征各不相同的特点,重点对分汊区域进行加密网格,准确刻画分汊河道边滩多的河床复杂地形。概化后模型网格数共计 7517 个,节点数 4151 个。

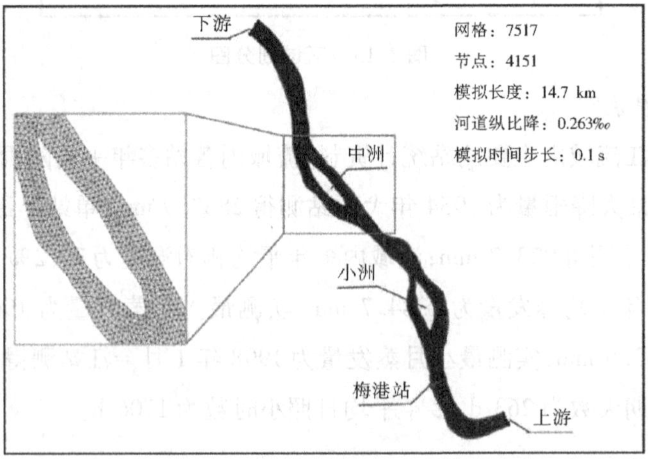


图 3.14 计算网格

### 3.7.3 参数设置

河道数学模型的边界条件类型可分为:闭合边界、开边界和干湿边界。其中闭合边界也被称为陆地边界,是指变量全部为 0 以及垂直于边界流动的边界。开边界是可赋予水位过程、流量过程或水位流量关系等时间序列值条件的边界。干湿边界也称动态边界,在河道水流数值模拟过程中,常常存在进行干湿替换的显著区域,为保障模型计算不发散,通常会对干湿边界进行设定。

当模型内某一单元的模拟水深小于干水深,且其三个边界都没有被水淹没时,那么该单元区域会被计算机判定为“干”单元,将不参与模型的运算;当水深大于湿水深时,所对应单元区域会被计算机判定为“湿”单元,此时该单元参与模型的运算;当水深处于“干”和“湿”两者之间时,或者水深小于干水深同时有一个边界被水淹没时,该单元会被计算机定义为“半干”区域,此时质量通量参与计算而动量通量不参与计算。本书模型计算设定允许水淹和干枯,取初始干枯深度为 0.005 m,水淹深度取 0.05 m,湿水深取 0.1 m。涡粘系数计算采用 Smagorinsky 公式,其中 *Cs* 设定为 0.28。

由于模型上游开边界位于梅港水文站下游 1.6 km 处,其间没有支流的流进流出,故本书选取梅港水文站实测流量过程作为上游进口边界,下游开边界以梅港水文站实测逐日水位插值作为出口边界条件,对于各种边界均采用“干湿判别法”进行计算。

为描述泥沙在床面上的冲刷侵蚀和床层密度,需要设定床面上的泥沙参数。将冲刷引起的允许最大含沙量设置为 50 $kg/m^3$。冲刷设置两个床层,第一床层为软泥层,其冲刷指数设为 8;第二床层设定为硬泥层,其冲刷指数设为 1.5,临界剪切应力设为 0.07 $N/m^2$。

## 3.8 模型的率定及验证

在平面二维水动力模型中,河床糙率是影响模型计算结果的重要参数。为保证模型的准确性和模拟结果的真实性,本书选取 2016 年作为模型的率定年,2018 年作为模型的验证年,对河床糙率等重要计算参数进行率定及验证。梅港水文站收集的验算资料包含了一整年的丰水期、平水期和枯水期,模型中丰富的水位变化有利于提高模型参数率定的效率,提升模型参数率定过程中模型对低水位和高水位的模拟效果。模型采用冷启动方式,研究区域河段初始水位分别设定为 2016 年 1 月 1 日和 2018 年 1 月 1 日的水位数据,各开边界的时间序列均以当年的 1 月 1 日为第 0 天。如图 3.15、图 3.16,率定、验证结果显示,模拟值与实际值吻合度较高。为保证子模型泥沙模块在误差范围内,模型添加输沙率数据,率定验证泥沙子模块的模型精度,同时也能进一步率定验证水动力模型的精度,本书选用 2016 年、2018 年月平均含沙量作为率定验证数据。如图 3.17、图 3.18,率定、验证结果显示,模拟值与实际值吻合度较高。

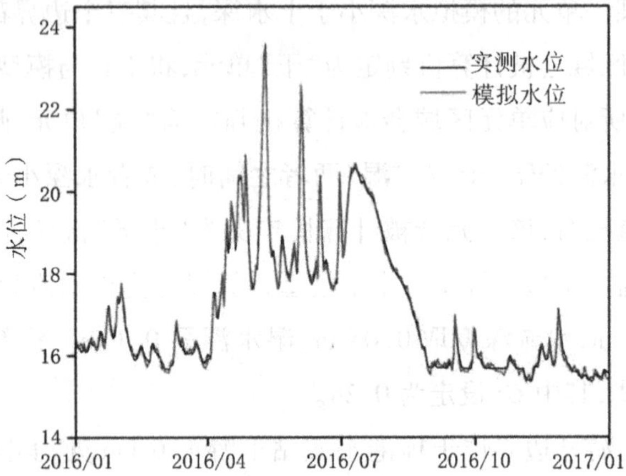


图 3.15　率定期实测水位与模拟水位对比

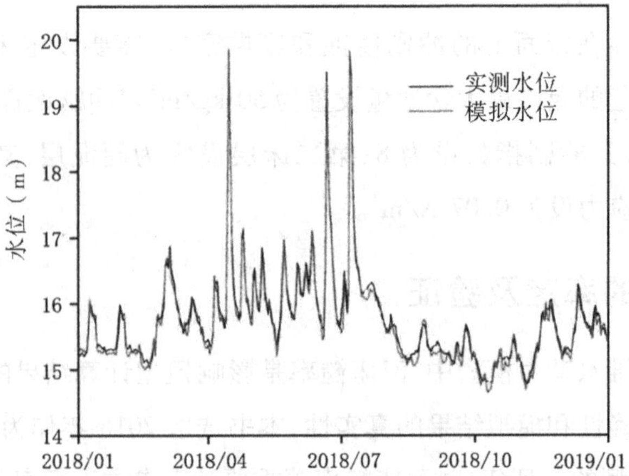


图 3.16　验证期实测水位与模拟水位对比

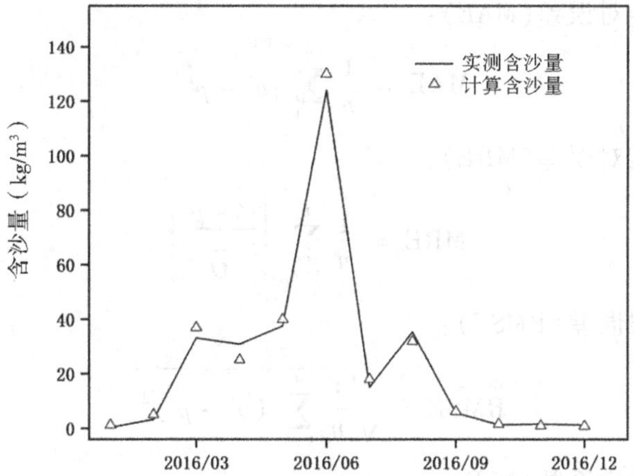


图 3.17　率定期实测含沙量与模拟含沙量对比

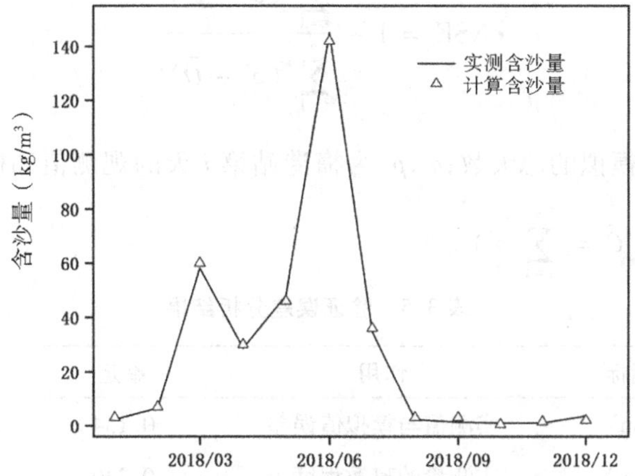


图 3.18　验证期实测含沙量与模拟含沙量对比

为进一步验证模型的真实性及有效性，利用误差指标对模型进行统计，定量分析模拟结果与实际数据的符合程度。选择以下四个统计变量：平均绝对误差（MAE）、平均相对误差（MRE）、均方根误差（RMSE）、纳什效率系数（NSE）。如表 3.5 所示，经计算得到率定与验证的平均绝对误差分别为 0.134 m 和 0.165 m，平均相对误差分别为 0.240% 和 0.180%，均方根误差分别为 0.124 m 和 0.110 m，纳什效率系数分别为 0.932 和 0.951。各时间段水位拟合较好，虽然低水位模拟结果稍差于高水位，但模型整体模拟精度较高，模型能较好地反映研究区域的水动力变化情况。从结果上看，模型的拟合结果较好，模型精度达到要求。

(1)平均绝对误差(MAE):

$$MAE = \frac{1}{n}\sum_{i=1}^{n}|o^i - p^i|$$

(2)平均相对误差(MRE):

$$MRE = \frac{1}{n}\sum_{i=1}^{n}\left|\frac{o^i - p^i}{\bar{O}}\right|$$

(3)均方根误差(RMSE):

$$RMSE = \sqrt{\frac{1}{n}\sum_{i=1}^{n}(o^i - p^i)^2}$$

(4)纳什效率系数(NSE):

$$NSE = 1 - \frac{\sum_{i=1}^{n}(o^i - p^i)^2}{\sum_{i=1}^{n}(o^i - \bar{O})^2}$$

其中:$n$ 为模拟的总天数;$o^i$、$p^i$ 为梅港站第 $i$ 天的观测值和模拟预测值;$\bar{O}$ 为观测平均值($\bar{O} = \sum_{i=1}^{n} o^i$)。

表 3.5　验证误差分析结果

| 误差指标 | 作用 | 率定 | 验证 |
|---|---|---|---|
| MAE(m) | 实测值与模拟值误差 | 0.134 | 0.165 |
| MRE(%) | 测量的离散程度 | 0.240 | 0.180 |
| RMSE(m) | 实测值与模拟值误差 | 0.124 | 0.110 |
| NSE | 验证模型的好坏 | 0.932 | 0.951 |

## 3.9 本章小结

### 3.9.1 一维水动力模型

建立了信江下游八字嘴枢纽河段一维水动力模型,结合研究区域内水文站实测水位流量数据对模型进行率定及验证。根据水文频率曲线选取典型年份,运用水动力模型模拟信江下游产卵场断面典型年流量过程,结合四大家鱼繁殖过程对流量的需求及环境流量成分法完成信江下游产卵场水文过程分析。一维水动力模型主要结论如下：

（1）建立信江下游水动力模型，运用平均绝对误差、平均相对误差、均方根误差以及纳什效率系数四项指标完成模型的率定及验证；

（2）根据皮尔逊Ⅲ型曲线选取1977年、1987年和2011年为丰水年、平水年和枯水年，对比设计值同倍比系数分别为1.002、1.026和0.993；

（3）丰水年、平水年和枯水年平均流量分别为602 $m^3/s$、508 $m^3/s$和402 $m^3/s$，典型年内无洪水发生，丰水年整体水资源总量最高；

（4）枯水年全年流量保持在低流量及以上，平水年和丰水年流量变化范围较大，分别在1至2月份和12月份出现极枯流量现象；

（5）枯水年仅在6月份出现高流量现象，无法满足四大家鱼产卵活动对流量的需求；丰水年在鱼类产卵关键期有较高流量，脉冲数量最高，为四大家鱼提供丰富的产卵信号。

### 3.9.2 二维水动力模型

二维水动力模型主要完成了研究区域水动力模型的构建及率定验证，具体内容如下：

（1）根据研究区域的地形、水文资料构建二维水动力数学模型；

（2）通过对比研究区域上游边界1.6 km梅港站点的实测水位和模拟水位，对模型进行率定验证，完成数学模型的检验工作。结果显示，模型的拟合结果较好，有较好的适应性，模型计算精度达到模拟要求。

# 4　分汊河道水动力特性分析

本章节内容主要利用 MIKE 系列软件的二维模型对信江八字嘴库区航道流速、水位、含沙量在内的一系列水文特征进行数值模拟分析。分汊河道是天然河道中常见的河道形态，具有较好的河势条件。河道分汊后，其分流区、分流段以及汇流区的地形、断面形态以及水动力流态特性都较单一河道有较大差异。河道水流从主河道进入分汊时发生流线弯曲，产生局部环流，造成了分汊河道河床的复杂形态，对航运安全以及河道排洪功能都产生了不利影响。针对天然分汊河道水沙运动特性，可以采用计算机数值模拟方法建立一系列水沙数学模型，用于模拟各类条件下水沙运动及河床演变过程。相关研究表明，分汊河道的分流分沙特性与流速有直接关系，流速变化是影响分汊河道演变发育的重要因素；与单一河道相比，分汊河道的河床阻力大，水位下降明显；随着流量的增大，主汊和支汊的分流比会趋向均匀分配。

利用 MIKE21 建立二维水动力模型，分析信江顺直分汊河道分流区、分流段以及汇流区的水动力特性，进而研究该分汊河道的发育演变趋势，为分汊河道的岸堤安全防护、航线稳定以及清淤治理等提供科学指导。

## 4.1　模拟工况

河流一年运行周期按流量大小可以分为丰水期、平水期、枯水期。为直观反映该分汊河道在不同时期的运行状况，本章节设置了 3 个计算工况——丰、平和枯水期平均流量作为模型上游边界条件，其中丰、平、枯水期平均流量是通过分别计算 2016 年丰、平、枯水期流量均值求得；模型下游边界为水位边界，通过插值计算求得，水位边界对应丰、平和枯水期平均流量。计算方案各工况的上边界流量数值、下边界水位数值结果如表 4.1 所示。

表 4.1 模拟计算工况取值表

| 工况 | 上边界流量($m^3/s$) | 下边界水位(m) |
|---|---|---|
| 丰水期平均流量 | 362 | 11.56 |
| 平水期平均流量 | 275 | 11.12 |
| 枯水期平均流量 | 213 | 10.48 |

## 4.2 分流比特性分析

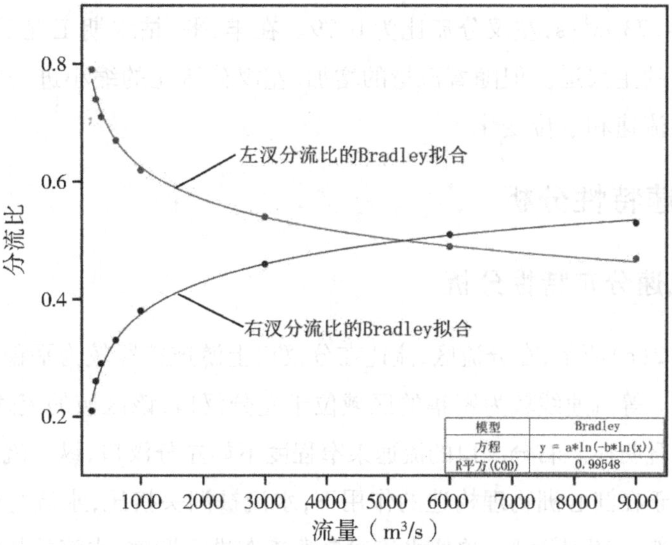


图 4.1 分流比曲线图

分流比(进入某汊道的流量与上游总流量之比)是分汊型河段中重要的水动力特性指标。分流比的变化直接影响到分汊河道的分流分沙功能以及主、支汊的自然交替,并进一步影响分汊河道的演变,是分汊河道演变的重要影响因素。

如图 4.1 所示,该顺直分汊河道汊道分流比与流量的散点拟合方程为对数方程,$R^2$ =0.99548,随着流量的增大,左右汊道分流比的差距逐步缩小。当流量位于5750 $m^3/s$ 时,左右汊道的分流比达到50∶50,左右汊道分配的流量达到平衡。随着流量的进一步增大,主、支汊开始交替,主汊道从左汊变为右汊。流量低于1000 $m^3/s$ 时,左右汊分流比的曲线弧度最大,说明此时分流比对流量的变化十分敏感,流量是分流比变化的重要影响因素。流量超过 1000 $m^3/s$,分流比的曲线变化幅度明显减缓,主、支汊道发生异位后,分流比曲线趋向于某一定值,这一阶段流量对分流比的作用显著减弱,流量不再是影响分流比变化的决定性因素。综上所述,流量是该分汊河道分流比的敏感性参数,但流量对分流比的影响随着流量的增加而减弱,并且主、支汊异位后,分流比曲线趋向某一定值,流量对分流比的影响变得十分微弱。

该分汊河道丰水期工况左汊道流量为 259 $m^3/s$,右汊道流量为 104 $m^3/s$,左汊分流比为 0.72;平水期工况左汊道流量为 208.21 $m^3/s$,右汊道流量为 66.79 $m^3/s$,左汊分流比为 0.76;枯水期工况左汊道流量为 168.27 $m^3/s$,右汊道流量为 44.73 $m^3/s$,左汊分流比为 0.79。在丰、平、枯水期工况下,左汊都是该分汊河道的主汊道。但随着流量的增加,左汊分流比的缩小进一步影响到了左右汊道的流速和水位变化。

## 4.3 流速特性分析

### 4.3.1 流速分布特性分析

如图 4.2(a)所示,在分流区,流速在分汊口上游连接段较为平稳,变化不大,流速梯度小。等流速线较为密集的区域位于左分汊口,该区域的流速梯度较大,纵向流速提升明显。右分汊口的流速束窄程度不如左分汊口,纵向流速增大幅度小。这是由于在江心洲物理构造的作用下,水流被洲头挤压,水流与分汊口接触后减慢或停滞,产生滞留区,迫使水流对自身流态进行调整,水流的势能转化为动能,水流方向经自行调整后由分汊口分配到左右汊道,作为主汊道的左汊道分配到较多的流量使得汊口流速加快;相较于上游,左分汊口过水断面很小,左分汊口产生高流速区并形成明显的流速梯度,河心流速最高在 0.7 m/s 左右。在右分汊口,虽然过水断面相较上游有所收窄,但右分汊口分配到的流量比左分汊口少,右分汊口基本延续分汊口上游连接段的流速特性,流速变化并不明显。

如图 4.2(b)所示,分流区左右汊道靠近凹岸流速最大。分流区水流进入分流段过渡后,水流在分汊口被江心洲隔断,流向左右汊道,水流在惯性的作用下,向汊道凹岸扩散,凹岸产生高流速区,凸岸产生低速滞留区。滞留区与高流速区的接触区域水流流速梯度大,两个区域的水流相互隔离,产生剪切作用,过水断面减少,凹岸流速加快。左汊道在过渡段的最高流速在 0.7 m/s 左右;右汊道由于分配到的流量少，过渡段的流速不高，在过渡段末端流速才开始升高，最高流速在0.3 m/s左右；右汊道的低流速滞留区面积比左汊道大。

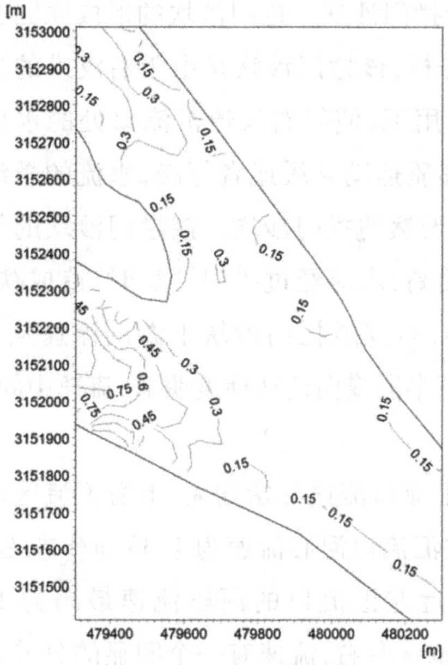


(a)分流区流速等值线

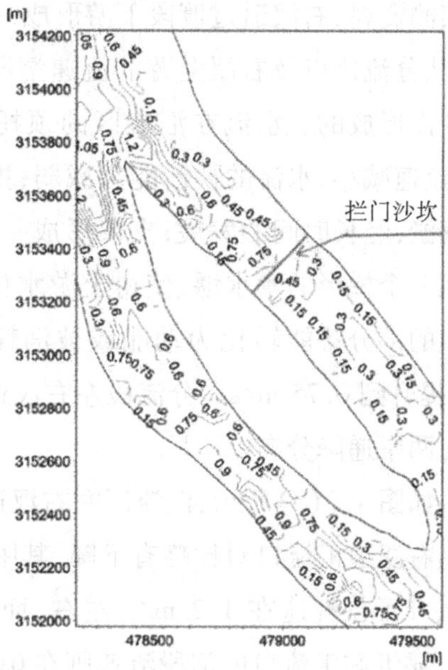


(b)分流段流速等值线

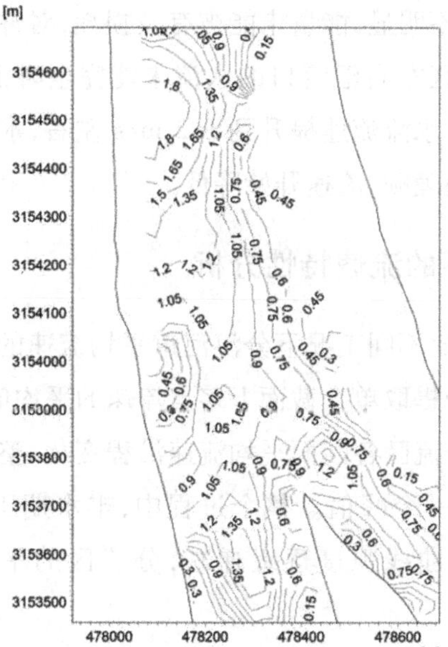


(c)汇流区流速等值线

**图4.2　分汊河道流速等值线图**

随着水流流向下游，左汊道过渡段下游流速逐步减小，但流速依然较大，对该过渡段下游堤岸的冲刷作用十分明显，所以需要对该区域堤岸进行加固。根据实测资料，右汊道过渡段下游形成一个拦门沙坎。拦门沙坎的形成原因有很多，从分流比以及右汊上游的流速情况分析，该拦门沙坎是由于右汊道的流量较少而形成的。水流在汇流区的顶托作用下，使得右汊道汇流口处的水位变高、流速减小，水流的挟沙能力减弱，推移质运动减缓或者停滞，水流的悬沙容易落淤，经长时间的发展，支汊形成一个天然的拦门沙坎。该拦门沙坎的作用近似一个梯形的壅水堰，使得上游水位抬高，水流经过拦门沙坎时，造成跌水，水流的部分势能转化为动能或被消耗掉，右汊道拦门沙坎下游的流速从 0.3 m/s提升到 0.75 m/s。分流段左右汊道下半段横向流速梯度明显，流速中间高，并向两岸递降分布。

如图 4.2(c)所示，汇流区左右汊道汇流口流速开始增大，下游汇流区流速与左右汊道汇流口对比略有下降，其中左汇流口河心流速为 1.35 m/s 左右，右汇流口河心流速在 1.2 m/s 左右，而靠近左汇流口的河段流速最高为 1.05 m/s，靠近右汇流口的河段流速则在 0.9 m/s 左右，流速有一个明显的分界。水流在交汇口交汇后，会相互碰撞，形成对冲消能，但由于汇流区交汇夹角较小，两股水流的对冲作用不明显，能量未能被有效损耗，对冲消能效果不明显，流速只是略微下降。分流区左右汇流口的水流未能完全融汇而产生分层。下游连接段由于边滩的存在，水流流速提升到 1.2 m/s 左右，水流经过边滩后，河道变得较为宽阔，水流慢慢理顺，流速开始降低。

### 4.3.2 不同工况下的流速特性分析

为了更直观地对比不同工况下分汊河道平均流速的变化情况，选取模型多个截面，在模拟结果中提取单个截面上多点流速的平均值进行对比。

如图 4.3 所示，分流区各断面平均流速沿程变化，整体趋势呈现先升后降，过程中平均流速存在一个峰值。整个过程中，丰水期工况的弧形曲线弧度最大，平、枯水期工况的曲线弧度逐级递减，分流区的平均流速变化过程较为简单。

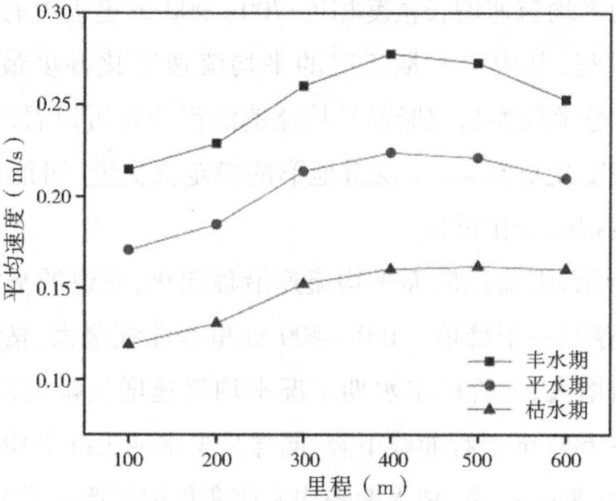


**图 4.3　分流区断面平均流速**

如图 4.4(a)所示，分流段左汊道三个工况平均流速的走向为：增大→减小→增大。100～300 m 里程曲线增大，枯水期工况的平均流速增长幅度最大，变化幅度为 0.25 m/s，平、丰水期工况平均流速增长幅度逐级递降。300～600 m 里程曲线增大，三个工况的平均流速变化幅度基本相同。600～900 m 里程曲线，有一个先降后升的转折，同样是枯水期工况的平均流速变化幅度最大，变化幅度为 0.39 m/s，平、丰水期工况平均流速变化幅度逐级递减。

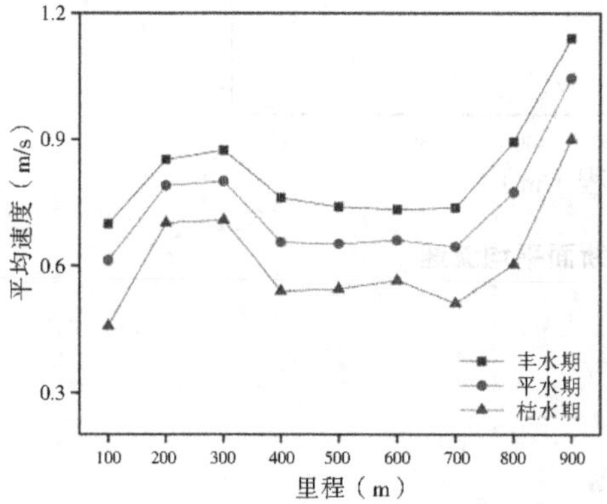


(a)左汊段断面平均流速

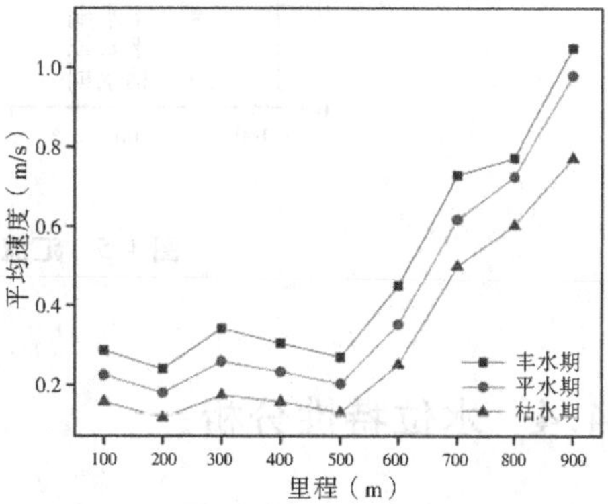


(b)右汊段断面平均流速

**图 4.4　分流段左右汊道断面平均流速**

如图 4.4(b)所示，100～500 m 里程，右汊道的平均流速过渡平稳，平均流速存在一个峰值，丰水期工况的平均流速峰值幅度最大，平均流速变化幅度为 0.1 m/s。500～900 m 里程，右汊道的平均流速快速增大，在 500～700 m 里程内各个工况下的平均流速增长幅度相近;700~900 m 里程内的平均流速有一个减小再增大的过程,其中丰水期工况的平均流速变化幅度最大,变化幅度为 0.78 m/s。对比分流段左右汊断面平均流速沿程分布可以看出,分汊河道左汊道平均流速沿程变化更复杂,左汊道地形的稳定性更差,可能是由于该区域反复处于冲刷和淤积的变化过程。

如图 4.5 所示,汇流区断面平均流速沿程变化,汊道的平均流速走向为增大→减小,同样存在一个峰值。100~400 m 里程曲线增大,枯水期工况前期平均流速先减小后增大,该阶段丰水期工况平均流速增长幅度最大,变化幅度为 0.46 m/s。400~600 m 里程曲线下降,同样是丰水期工况平均流速变化幅度最大,变化幅度为 0.8 m/s,平、枯水期平均流速变化幅度逐级递减。

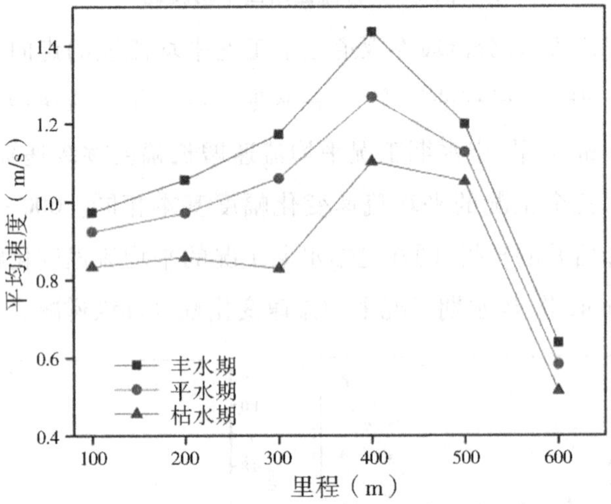


图 4.5　汇流区断面平均流速

## 4.4　水位特性分析

### 4.4.1　水位分布特性分析

如图4.6(a)所示,分流区上游水位为 15.42 m,下游水位为 15.4 m,分汊口上游连接段的水位变化幅度较小。左分汊口的水位梯度相较于右汊口明显更大,水位变化的位置更靠近上游,右汊口水位变化就较为平缓。这主要是因为在分流区河床较为平整,河道较为宽阔,流速较为缓慢,水流在这段距离内水头损失较少，并未发生大的能量转换或消耗；因分汊口水流流速加快和水流与岸堤等碍水物的碰撞，水流的势能被转换为动能或被消耗。

如图 4.6(b)所示，分流段左汊道水位下降，从 15.40 m 下降到 13.80 m 左右，降幅达到 1.60 m。左汊道因河心常年被冲刷，分流段左汊道河床的高程相较分流区河床较低，分汊口以下区域的不同流速之间水流相互摩擦，造成了能量损耗，这是水位下降的重要因素。右汊道由于受到拦门沙坎的壅水作用，水位较高，分汊口至中段水位未发生明显的下降，基本维持在 15.40 m。右汊道上游水流经过拦门沙坎产生跌水，流速加快，水流的水头损失或能量转换，右汊中下段水位降幅为 1.60 m，水位下降十分明显。

如图 4.6(c)所示，汇流区上游水位为 13.90 m，下游水位为 12.60 m，降幅 1.3 m，水位明显下降。原因是左右汊道水流汇合时流量增大，流速加快，水流势能转化为动能。右汊口下游存在一个大型边滩，水流的过水断面下降，水流流速进一步加快，势能转化为动能；高速水流与边滩摩擦碰撞，水流的势能被进一步消耗，虽然汇流区河床较为平整，但水位依然有 1.3 m 的降幅。

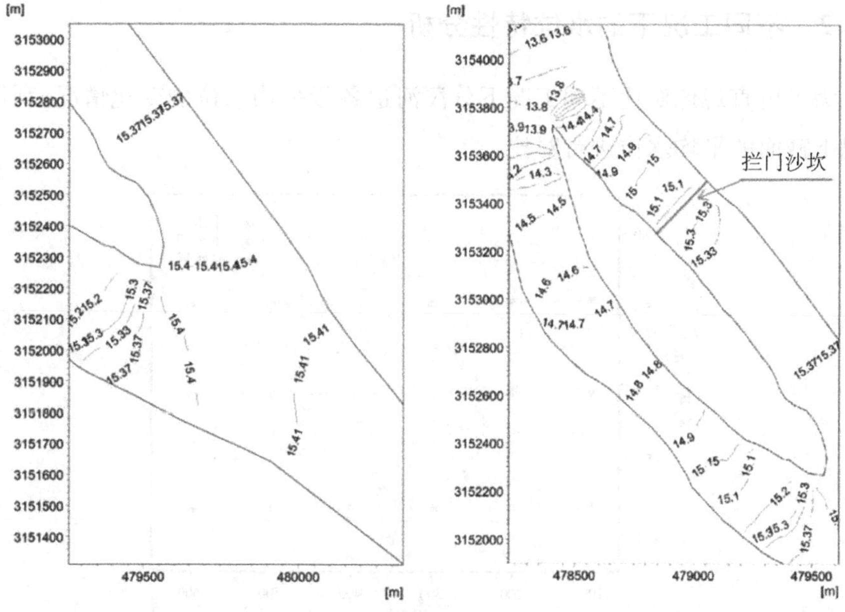


(a)分流区水位等值线　　　　(b)分流段水位等值线

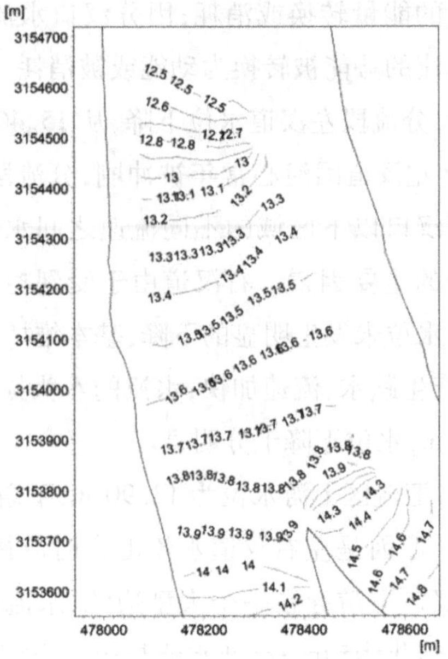

(c)汇流区水位等值线

图 4.6　分汊河道水位等值线

### 4.4.2　不同工况下的水位特性分析

为了更直观地对比不同工况下分汊河道各段平均水位的变化情况，利用各工况下截面的平均水位进行对比。

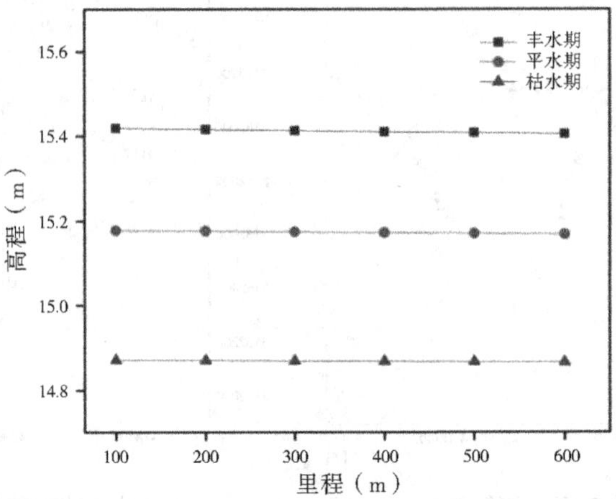


图 4.7　分流区断面平均水位

如图 4.7 所示，分流区各个工况下平均水位略微下降，变化幅度极小。原因是在分流段各个工况下，分流区相对平整的河床并未造成太严重的水头损失。如图 4.7 所示，分流区平均流速是有提升的，但提升幅度很小，只有百分位级的变化，说明水流的能量转化也不强烈，这是各工况下平均水位未发生太大变化的主要原因。

如图 4.8(a)所示，分流段左汊道各工况下平均水位变化大致上可以分为两个阶段，100 ~ 800 m 里程的平均水位曲线缓慢下降，丰水期工况下平均水位变化幅度略大。最后 100 m 平均水位曲线迅速下降，三个工况下平均水位的下降幅度基本一致。

如图 4.8(b)所示，分流段右汊道拦门沙坎上游 100 ~ 600 m 里程的平均水位曲线变化不明显，各个工况下平均水位只有略微下降，而在拦门沙坎下游 600 ~ 900 m 里程的平均水位曲线急速下跌，丰水期工况下曲线的斜率更大，平均水位变化幅度略大。

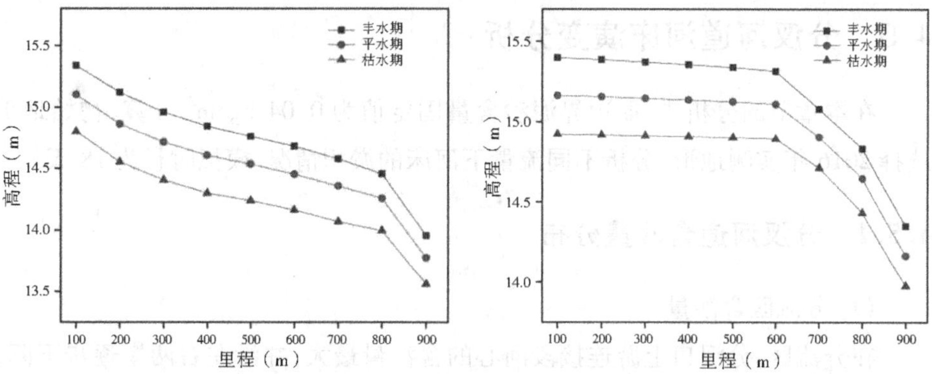


(a)左汊断面平均流量　　(b)右汊断面平均流量

**图 4.8　分流段左右汊道断面平均水位**

如图 4.9 所示，汇流区平均水位变化可以分为两个阶段。100 ~ 400 m 里程平均水位曲线缓慢下跌，丰水期工况下平均水位跌幅略大。400 ~ 600 m 里程平均水位曲线变化幅度加快下跌后平缓。枯水期工况下平均水位跌幅最大，平均水位变化幅度为 0.76 m，平、丰水期工况下平均水位跌幅逐级递减。

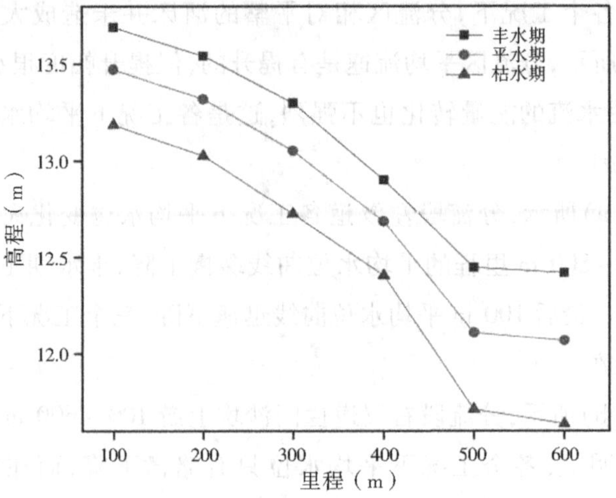


图 4.9　汇流区断面平均水位

## 4.5　分汊河道河床演变分析

在本章节的分析中，取边界泥沙含量固定值为 0.04 kg/m$^3$ 计算，初始地形选择 2016 年实测地形，分析不同流量下河床的淤积情况，模拟时长为 18 天。

### 4.5.1　分汊河道含沙量分布

(1)分流区含沙量

在分流区，分汊口上游连接段河心的含沙量最大，并沿左右两岸逐步下降。由于受到低流速滞留区的影响，左右两岸产生较多的环形含沙区域，随着流量的增大，环形含沙区域含沙量的梯度和面积增大。环形含沙区域内的含沙量较少，但环形含沙区域是一个相对封闭且流速较低的区域，使得水流中的泥沙更容易淤积。左汊口环形含沙区域的数量相对较少，且含沙量梯度不大。左汊是主汊道，不同工况下左汊道的流速较高，即使流量增大，左汊道的含沙量梯度也没有明显变化。右汊口河道含沙量分布情况相对复杂，洲头以及右边岸形成较多的环形含沙区域，且环形含沙区域的面积随着流量增大而增大，河心的水流有较大的含沙量梯度。对比左右汊道含沙量发现，左汊道的含沙量大于右汊道，但随着左右汊道分流比缩小，左右汊道的含沙量差距也在缩小。

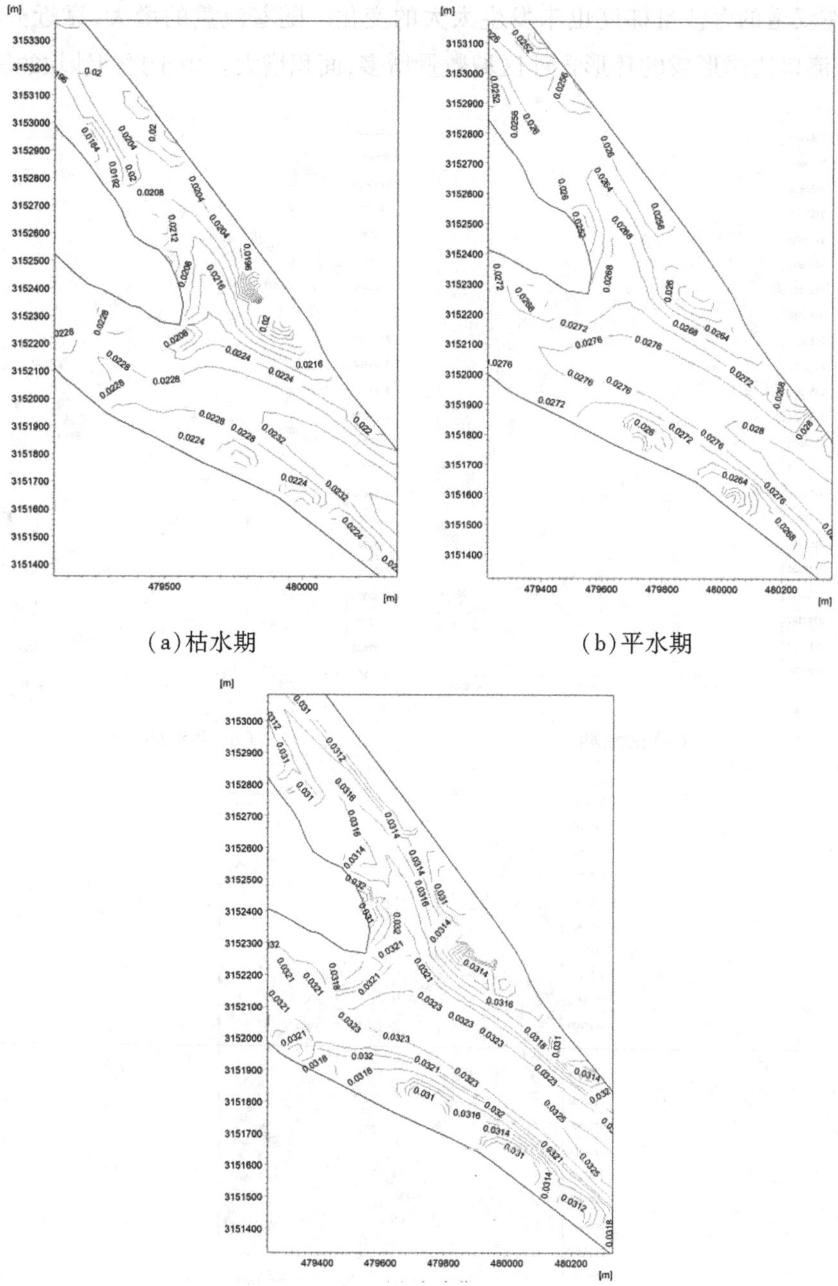

(a)枯水期　(b)平水期　(c)丰水期

**图 4.10　分流区含沙量分布**

(2)分流段含沙量

由于水流的流速较快，分汊段左汊道整段含沙量的梯度较小，即使流量增大,左汊道的含沙量梯度也未发生太大的变化。随着流量的增大,靠近分汊口和汇流口边岸形成的环形含沙区域数量增多,面积增大。由于拦门沙坎的影响,

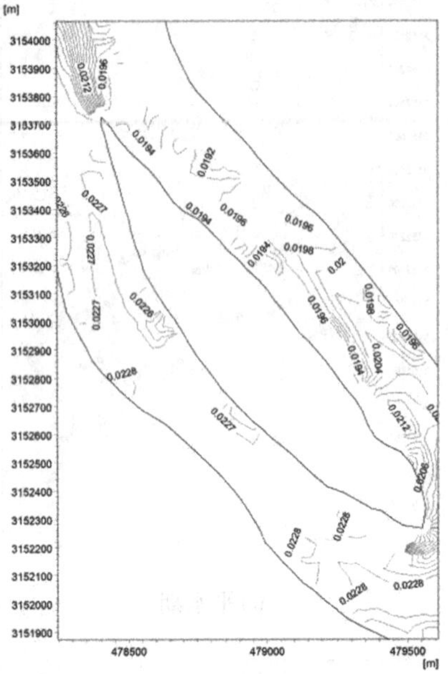


(a)枯水期

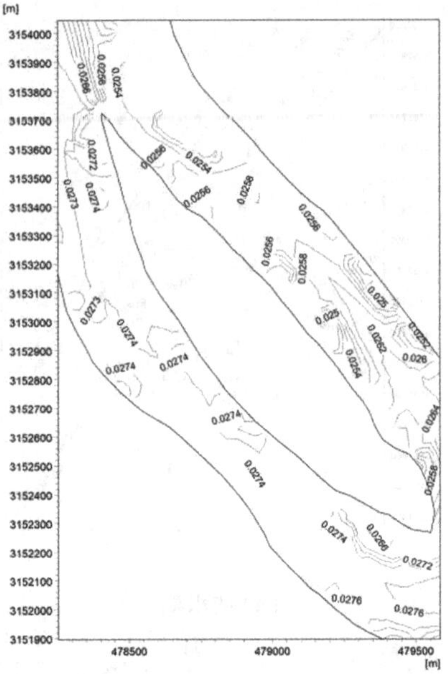


(b)平水期

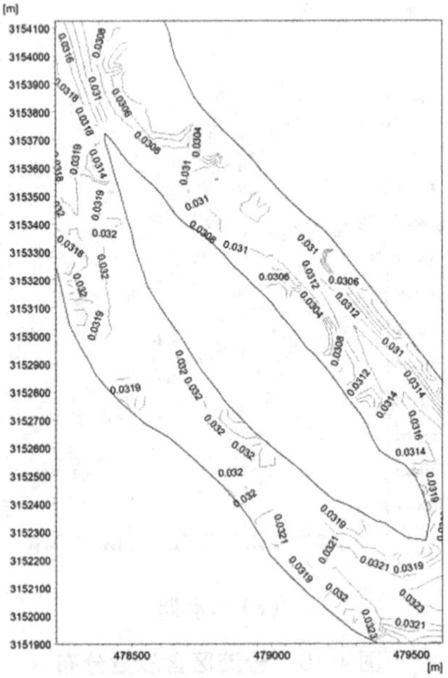


(c)丰水期

**图 4.11　分流段含沙量分布**

右汉道拦门沙坎上游的流速较低,易使水流泥沙淤积,造成上游的含沙量梯度较大,同时该段水流含沙量梯度随着流量的增大而增大。因跌水造成流速加快,拦门沙坎下游的泥沙不易淤积,该区域含沙量梯度较小。随着流量的增大,右汉道左右边岸产生的环形含沙区域面积增大,数量增多。

(3)汇流区含沙量

由于流速较快,泥沙不易淤积,左汇流口的含沙量梯度较小。左汇流口的左右两岸产生较多的环形含沙区域。随着流量的增大,环形含沙区域面积增大,数量增多。右汇流口流速较大,未产生太大的含沙量梯度,但随着河流的流量增大,右汇流口同样出现环形含沙区域。由于左右汉的流速不同,下游水流混合区域产生分层,无法快速融合。左汉道的含沙量高于右汉道的含沙量时,水流横向的含沙量梯度较大,在河道右岸产生了较多的环形含沙区域。随着流量的增大,左右汉道水流的含沙量减少,汇流区水流混合区域横向含沙量梯度会有所减小。汇流区水流混合区域右岸的环形含沙区域数量减少,但面积增大。

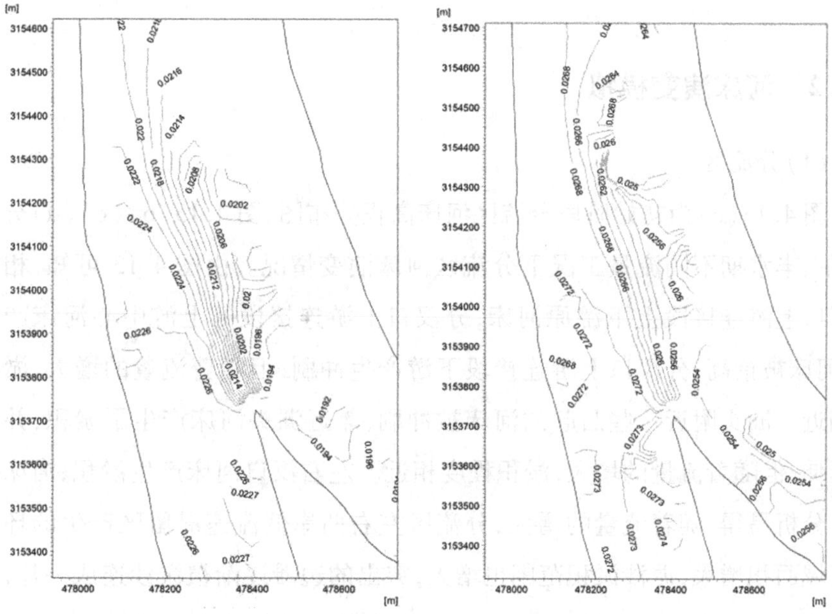

(a)枯水期　　　　(b)平水期

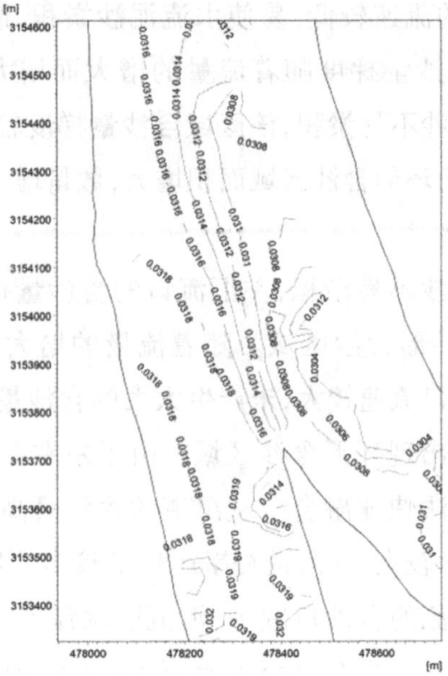

(c)丰水期

**图 4.12　汇流区含沙量分布**

## 4.5.2　河床演变模拟

(1)分流区

图 4.13(a)为初始阶段分流区河床高程分布图,图 4.13(b)(c)(d)分别为枯、平、丰水期不同流量工况下分流区河床演变情况。由图 4.13 可知,相较于分汊口上游连接段上下游原河床,分汊口上游连接段的上游中心河床产生淤积,河床被抬高;分汊口上游连接段下游产生冲刷,但随着流量的增大,淤积程度相近。洲头附近一些凸起的河床被冲刷,靠近洲头河床产生了淤积,并向上游延伸,但随着流量的增大,淤积程度相近。左右汊口河床产生淤积,河床被抬高。分析易得,随着流量的增大,分流区左右两岸低流速滞留区产生的环形含沙区域面积增大,泥沙淤积范围也增大,突出的边滩逐渐被淤沙连成一片,但淤积程度相近。由以上分析可知,分流区大多数区域都处于淤积状态,一些边岸突出以及河床较高的区域发生了冲刷,分流区河床演变整体表现更加平顺,分流区左右两岸边滩向河心收缩。

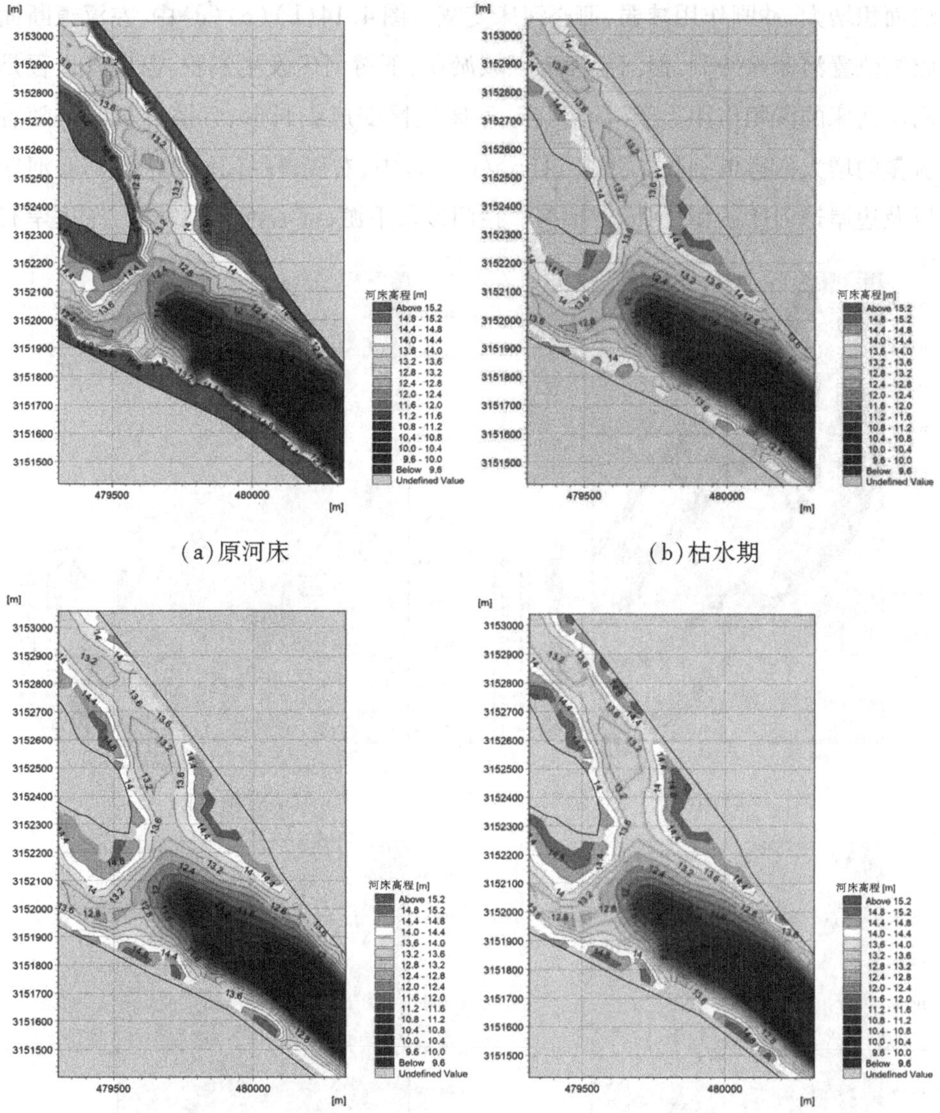


(a)原河床　　(b)枯水期

(c)平水期　　(d)丰水期

**图 4.13　分流区河床高程变化**

(2)分流段

图 4.14(a)为模型初始阶段分流段河床高程分布图,图 4.14(b)(c)(d)为枯、平、丰水期不同流量工况下分流段河床演变情况。从图 4.14 中对比可以看出,左右边岸被严重冲刷,但随着流量的增大,左右边岸水流产生的环状含沙区

域面积增大，冲刷作用减弱，河心河床变宽。图 4.14(b)(c)(d)中，左汊道断面收缩位置河床被冲刷，但河心河床区域淤积；下游河床发生淤积，但发育过程是两岸河床的淤积作用大于河心河床，河床慢慢变成细长形，且演变情况是随着流量的增大变得更细长。图 4.14(b)(c)(d)中，右汊道拦门沙坎上游河心河床以及边岸边河床淤积，河床被抬高。拦门沙坎下游，河心河床被冲刷，左边岸有

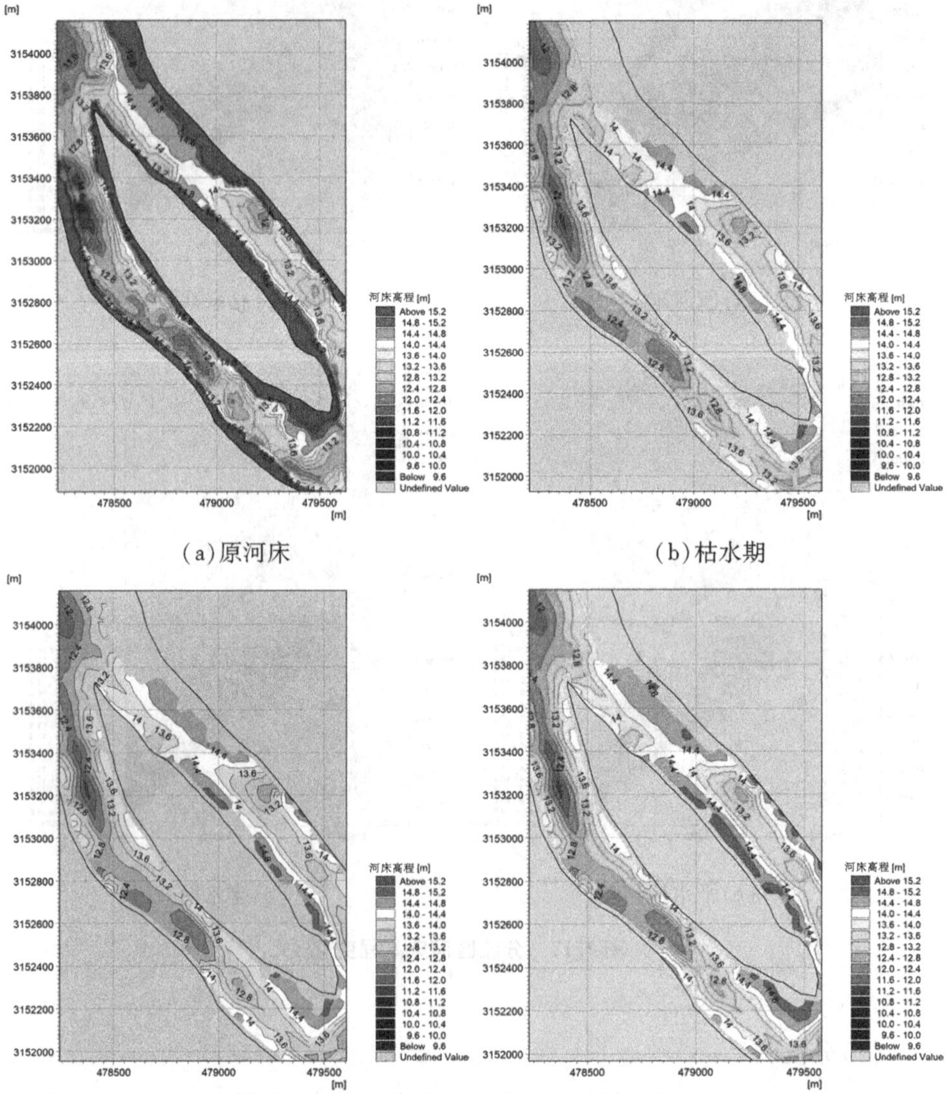


(a)原河床

(b)枯水期

(c)平水期

(d)丰水期

**图 4.14　分流段河床高程变化**

淤积,但淤积程度随着流量增大无明显变化。由以上分析可知,左汊道过渡段的河床冲刷较为严重,下游河床则是淤积抬升,随着流量的增大,河床演变作用更明显。右汊道拦门沙坎上游河床由于泥沙淤积而被抬升,下游被冲刷,这一淤一冲作用下,拦门沙坎有向上游移动的趋势。

(3)汇流区

图4.15(a)为模型初始阶段汇流区河床高程分布图,图4.15(b)(c)(d)为枯、平、丰水期不同流量工况下分流段河床演变情况。从图4.15中对比可以看出,图(b)(c)(d)中,左右汇流口河心河床冲刷,边岸河床淤积,淤积情况随着流量增大河床演变更加明显。图4.15(d)中,下游右边河床淤积,右边滩有向左岸延伸的趋势;同时河床冲刷严重,且随着流量的增大冲刷情况更加明显。由以上分析可知,汇流区左右汇流口河心河床产生了冲刷,河床只在汇流口边岸产生淤积。下游右边滩发生淤积并向左岸延伸,河心河床产生冲刷,以上演变状况都随流量的增大而加剧。

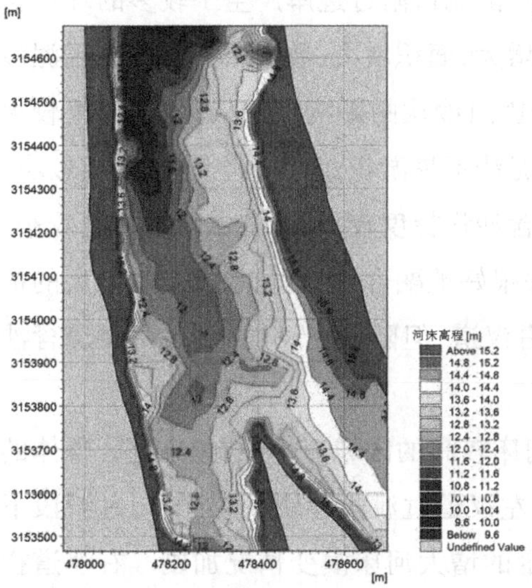


(a)原河床

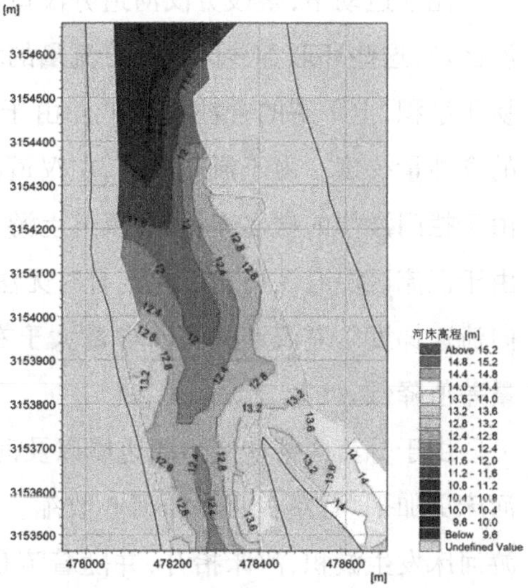


(b)枯水期

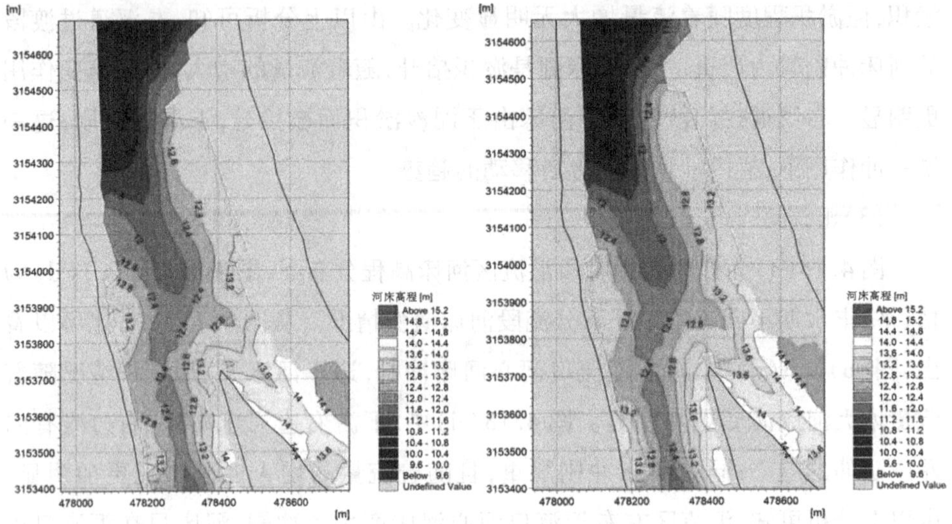


(c)平水期　　　　(d)丰水期

图 4.15　汇流区河床高程变化

通过对该分汊河道的河床演变进行预测,可以得出以下结论:

泥沙运动中,整段分汊河道分汊口和汇流口附近边岸产生了较多的环形含沙区域,这些环形含沙区域随着流量的增大,面积增大,数量增多。分流区泥沙易于淤积,上下游的含沙量较低。由于拦门沙坎的影响,右汊道水流产生较大的含沙量梯度。由于流速较高,左汊道泥沙不易淤积,水流的含沙量梯度较小。由于拦门沙坎的壅水作用,右汊道上游含沙量梯度较大,下游含沙量梯度较小。由于汇流区左右汊道水流在汇合时无法很好地融合,汇流区水流产生较大的横向流速梯度。左汊道的泥沙含量大于右汊道,但随着流量的增大,两汊道含沙量差值降低。

由于分流区某些突出的边岸以及河床较高的区域产生冲刷,分流区整体的河床更加平顺,左右两岸向河心收缩。左汊道过渡段冲刷较为严重,过渡段下游河床发生淤积,河床抬升,并随着流量的增大河床演变情况加剧。右汊道拦门沙坎上游河床淤积,拦门沙坎下游河床发生冲刷,一淤一冲的作用下,拦门沙坎有向上游移动的趋势。汇流区左右汇流口产生冲刷,汇流区边岸河床发生淤积。汇流口下游的右边滩淤积,向左岸延伸,河心河床发生冲刷,且随着流量的增大,河床演变更加明显。

## 4.6 本章小结

本章基于二维水动力模型,依据河流一年运行周期,设置丰、平、枯水期平均流量三个模拟工况,分析分汊河道的水动力特性,主要结论如下:

流量是该分汊河道分流比变化的主要影响因素,两者的拟合曲线为对数方程。随着流量的增大,分流比对流量变化的敏感程度下降,到后期分流比趋于一定值。丰、平、枯水期平均流量工况下,左汊道都是该分汊河道的主汊道。

分汊河道的水动力特性较为复杂。分流区,江心洲洲头及右边岸附近形成低流速滞留区,左汊口纵向流速梯度束窄明显,江心位置出现分流区最高流速;不同工况中分流区平均流速整体趋势呈现先增大后减小,各工况弧形曲线变化过程中,丰水期工况的曲线弧度最大,平、枯水期工况曲线弧度逐级递降。

分流段,左右汊道过渡段凹岸流速最快;左汊道过渡段下游流速逐步减小,但流速依然较快;右汊道以拦门沙坎为界,上下游流速跨度大。不同工况中分流段左汊道平均流速的变化趋势为:增大—减小—增大。增大阶段枯水期工况的平均流速增长幅度最大,变化幅度为0.25 m/s,平、丰水期工况平均流速变化幅度逐级递降;减小阶段三个工况的平均流速变化幅度基本相同;第二个增大阶段有一个先降后升的转折,枯水期工况平均流速变化幅度最大,变化幅度为0.39 m/s,平、丰水期工况平均流速变化幅度逐级递减。分流段右汊道三个工况平均流速的变化趋势为增大,增大阶段丰水期工况平均流速的变化幅度最大,变化幅度为0.78 m/s。

汇流区,流速依然较高,下游因为边滩挤压使得过水断面减少,流速进一步提高。不同工况中汇流区平均流速的变化趋势为:增大—减小。增大阶段枯水期工况前期平均流速减小后增大,丰水期工况平均流速增长幅度最大,变化幅度为0.46 m/s;减小阶段丰水期工况平均流速增长幅度最大,变化幅度为0.8 m/s,平、枯水期逐级递减。

分汊河道的水位落差大,左右汊道的变化规律不一致。分流区,左汊口纵向水位梯度大;不同工况中分流区平均水位变化平缓。

分流段,左汊道水位逐渐下降,在流速较高的位置,下降最明显。右汊道由于拦门沙坎的壅水作用,上游水位变化较为平缓,拦门沙坎下游水位急速下降。

不同工况中分流段左汊道平均水位变化分为两个阶段:第一阶段的水位缓慢下降,丰水期工况平均水位变化幅度较其他工况略大;第二阶段水位迅速下降,三个工况的下降幅度基本一致。不同工况中分流段右汊道拦门沙坎上游水位变化不显著,平均水位略微下降;拦门沙坎下游,水位急速下跌,丰水期工况的平均水位变化幅度较其他工况略大。

汇流区,水位逐渐下降,边滩附近水位降幅最大。不同工况中汇流区平均水位的变化分为两个阶段:第一阶段,水位缓慢下跌,丰水期工况下平均水位跌幅较其他工况略大。第二阶段,平均水位变化幅度加快后平缓,枯水期工况下平均水位跌幅最大,变化幅度为0.76 m,平、丰水期工况平均水位逐级递减。

# 5 江心洲洲头分汊角对水动力特性的影响

江心洲洲头是分汊河道的重要组成部分,承接上游,受上游水沙的影响,时刻轻微调整自身形状,将水流合理地分配到左右汊道,影响下游的水位、流速及河床,在分汊河道中起到承上启下的作用。为了探索洲头形状对分汊河道水动力的影响,本书通过改变洲头分汊角,研究洲头分汊角变化对分流比、水位以及流速的影响。顺直分汊河道的河段,由于两岸的抗冲性能较好,江心洲的长宽比较大,在水流的冲刷作用下,江心洲洲头难以形成角度过大的外形,故洲头角度设置为:30°、60°、90°和120°角。

## 5.1 分汊角对分流比的影响

如图5.1所示,分汊角改变后,可得到各个分汊角的分流比与流量的关系。各个分汊角的左汊分流比变化曲线差别不大,特别是90°角和120°角曲线基本重合。分流比最大的差值出现在30°角和60°角的 $Q=3000\ m^3/s$ 工况中,两个角度的分流比差值为0.03。随着计算工况的继续增大,曲线趋向于继续重合,说明洲头分汊角的变化对分流比的影响不明显。

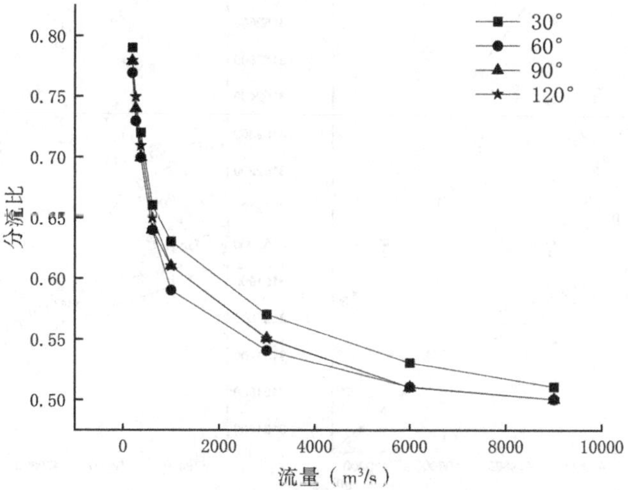


图5.1 分流比流量曲线

## 5.2　分汊角对流速的影响

为了探索分汊角对分汊河道流速的影响，本书对不同分汊角的分汊河道进行模拟，计算工况选择丰水期平均流量。

### 5.2.1　分流区流速

如图 5.2 所示，洲头分汊角度改变后，不同分汊角的分汊口上游连接段流速无明显变化，不同分汊角的水流流速等值线分布基本相同。靠近左右汊口的位置，不同分汊角流速梯度束窄。随着分汊角的增大，原本在汊口附近的 0.45 m/s、0.6 m/s 两条等流速线向分汊口上游连接段移动，不断靠近 0.3 m/s 流速等值线。随着分汊角的增大，流速为 0.6 m/s 区域的面积增大。分汊角为 30°角时，右汊口流速与分流区上游流速一致，未出现高流速区域；分汊角为 60°角时，右汊口出现流速为 0.3 m/s 的等流速线区域；分汊角从 60°角到 120°角，随着分汊角的增大，0.3 m/s 的等流速线区域面积增大，并向分流区上游移动。分汊角从 30°角到 90°角，随着分汊角的增大，洲头处分布的低流速滞留区面积缩小，滞留区的数量减少。分汊角为 120°角时，滞留区面积向外扩散导致面积增

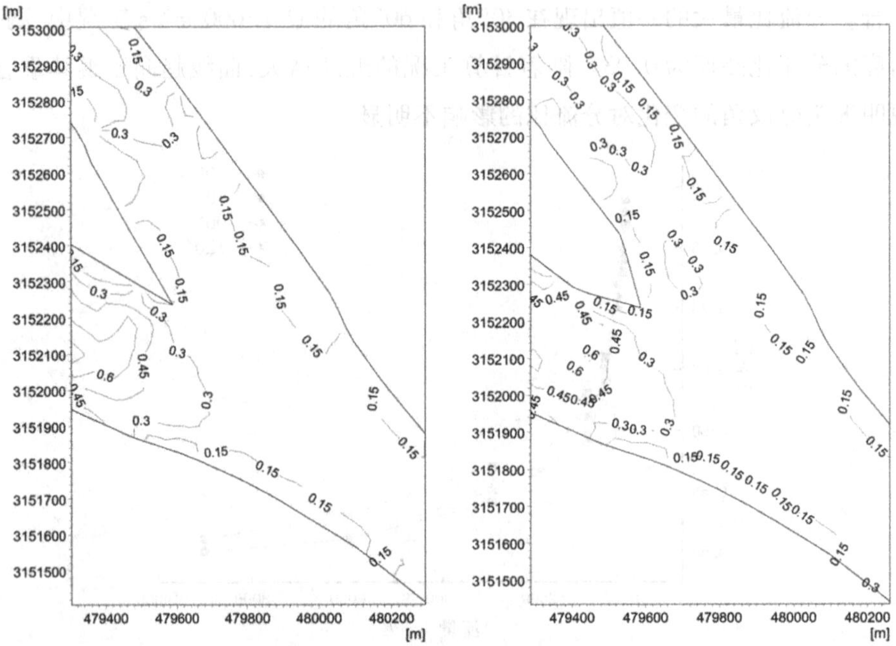


(a)30°角分流区　　(b)60°角分流区

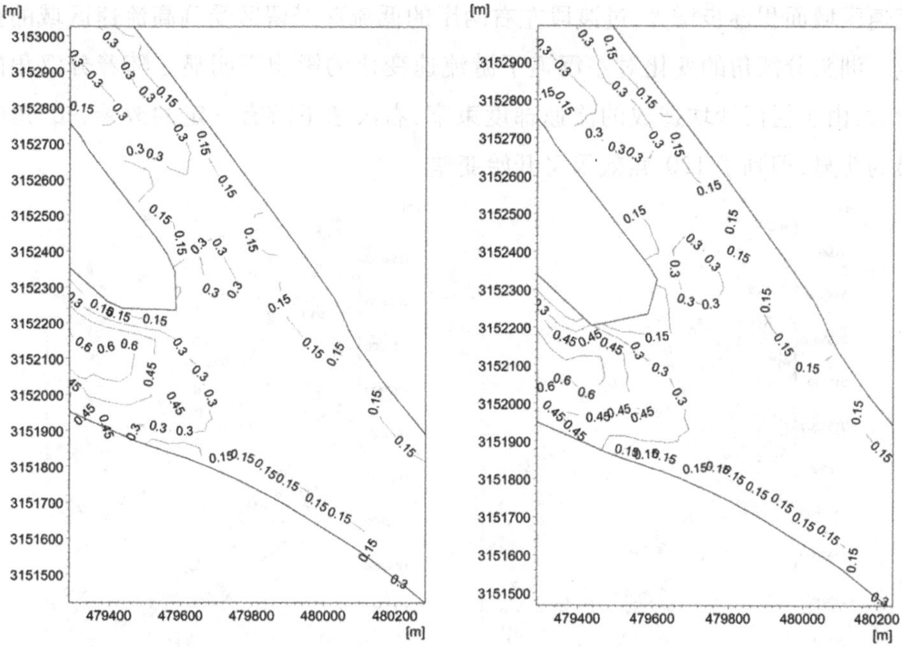


(c)90°角分流区　　　　　　(d)120°角分流区

**图 5.2　分流区不同分汊角的流速等值线图**

大;在洲头顶部滞留区出现分汊口左右两侧。由以上分析可知,增大洲头分汊角,分汊口的流速增大,增大的流速向上游扩散,还能减少洲头附近的低流速滞留区的面积和数量,改善该区域不利的水动力。但洲头分汊角过大会引起滞留区向外扩散,滞留区面积增大。

## 5.2.2　分流段流速

如图 5.3 所示,由于分汊口的高流速向分流区上游扩散,左汊道与分流区的过渡段内 0.6 m/s 流速等值线面积随着洲头分汊角的增大而增大,左汊道左右两岸的低流速滞留区被挤压收缩。随着分汊角的增大,左汊道中游的过水断面收缩产生的高流速区向两岸增大而向上下游收缩。随着洲头分汊角的增大,右汊道与分流区过渡段的河心高流速区域面积向两岸增大,过渡段左右两岸的低流速滞留区面积被挤压收缩分割成小片区域。分汊角从 30°角到 90°角,在拦门沙坎作用下,右汊道中下游的流速梯度向上游发散,右汊道中下游的河心的高流速区域面积增大;分汊角是 120°角时,拦门沙坎附近的流速等值线开始收缩,变得密集。由以上分析可知,随着分汊角的增大,左右汊道过渡段的河心高流速区域面积逐步增大,过渡段左右两岸的低流速滞留区受到高流速区域的挤压。洲头分汊角的变化对左汊道下游流速变化的影响不明显。随着分汊角的增大,由于拦门沙坎造成的流速梯度束窄,右汊道下游有一定的改善,90°角时最为明显,但到了120°角效果又开始变差。

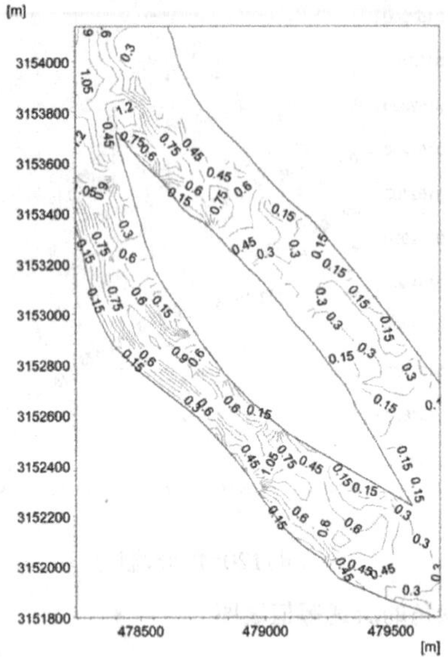


(a)30°角分流段

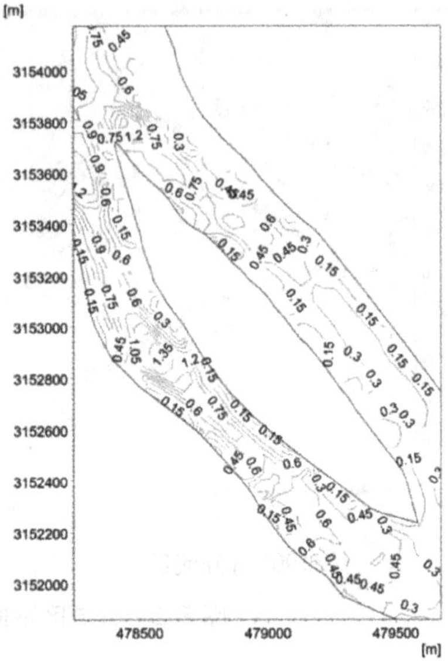


(b)60°角分流段

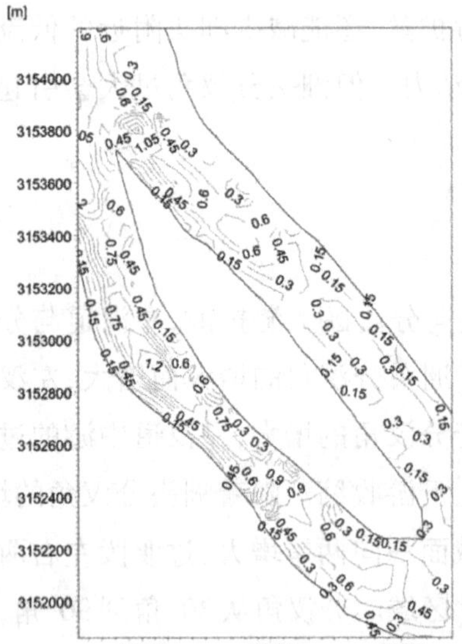


(c)90°角分流段

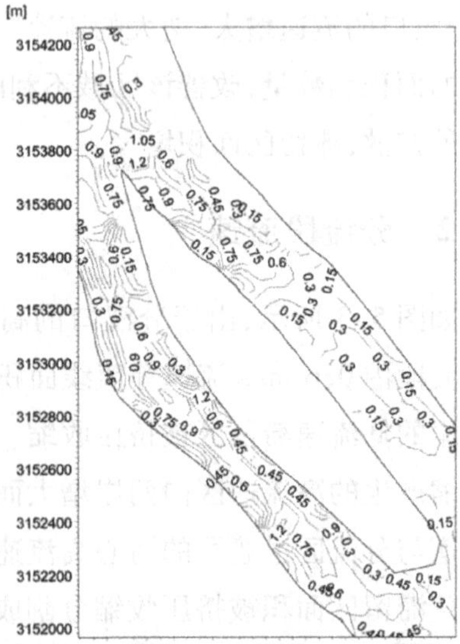


(d)120°角分流段

**图5.3　分流段不同分汊角的流速等值线图**

### 5.2.3 汇流区流速

如图5.4所示,在各分汊角工况下,汇流区的左右汇流口以及汇流口下游连接段的流速等值线分布差别不大,且流速分布基本相同。以上分析可以看出,洲头分汊角的改变对分汊河道的汇流区流速基本没有影响。

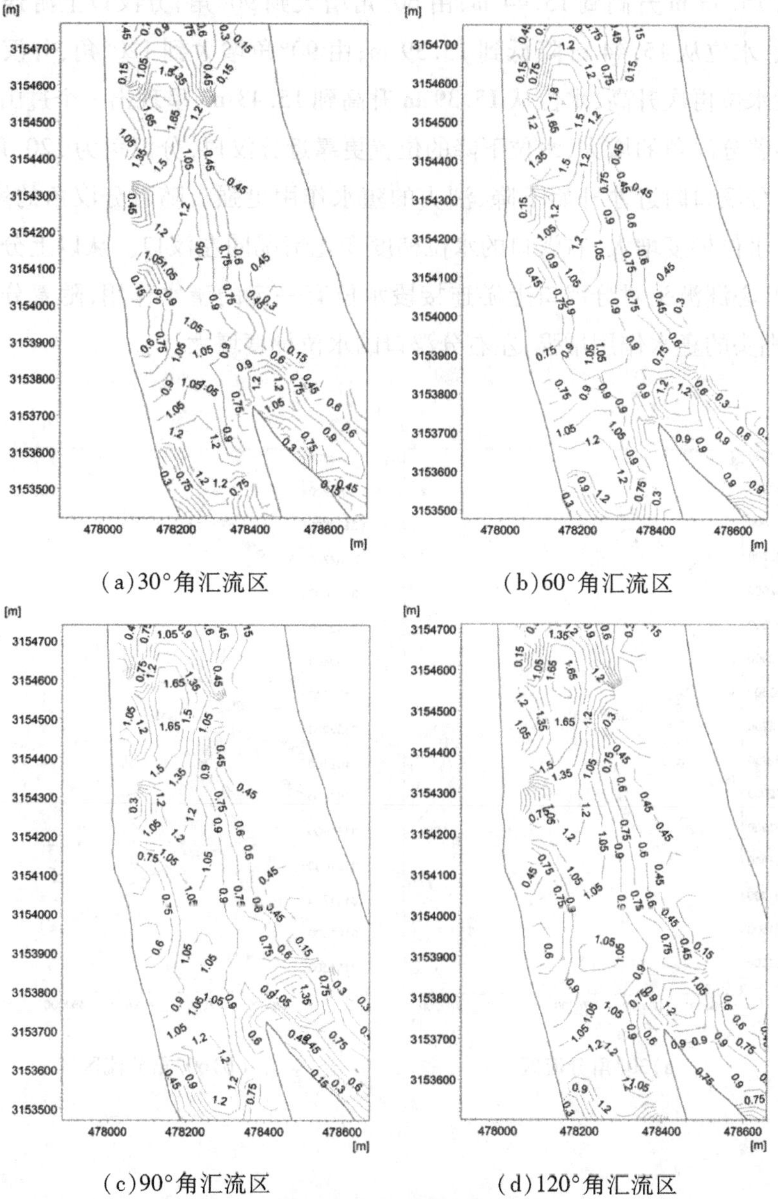

(a)30°角汇流区　　(b)60°角汇流区

(c)90°角汇流区　　(d)120°角汇流区

图5.4　汇流区不同分汊角的流速等值线图

## 5.3 分汊角对水位的影响

### 5.3.1 分流区水位

如图 5.5 所示,分汊角由 30°角增大到 60°角,分汊口上游连接段水位升高,水位从 15.33 m 升高到 15.44 m;由 60°角增大到 90°角,分汊口上游连接段水位降低,水位从 15.44 m 降低到 15.39 m;由 90°角增大到 120°角,分汊口上游连接段水位再次升高,水位从 15.39 m 升高到 15.43 m,呈现出一个过山车的变化。随着分汊角的增大,水位下降的位置更靠近分汊口,分汊角为 120°角时,水位到了分汊口附近才开始下降,洲头的壅水作用更强。随着分汊角的增大,左汊口的水位梯度增大,右汊口的水位梯度变化情况同左汊口。从以上分析可以看出,江心洲洲头对分汊口上游连接段水位有一定的壅水作用,随着分汊角的增大,洲头的壅水作用增强,左右分汊口的水位梯度增大。

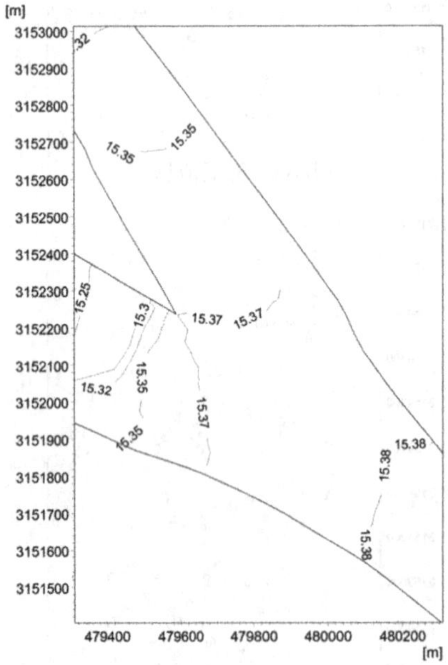
(a)30°角分流区

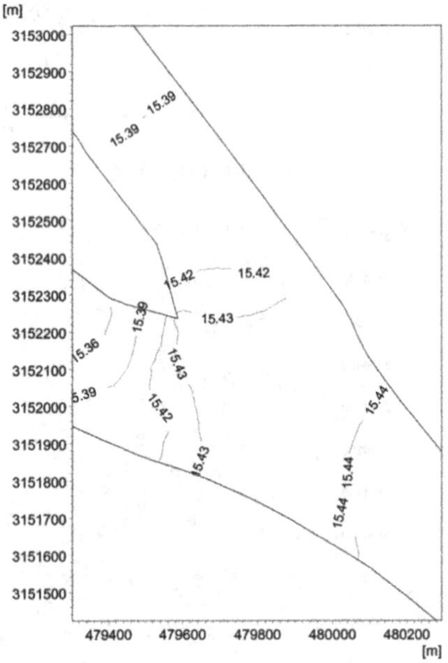
(b)60°角分流区

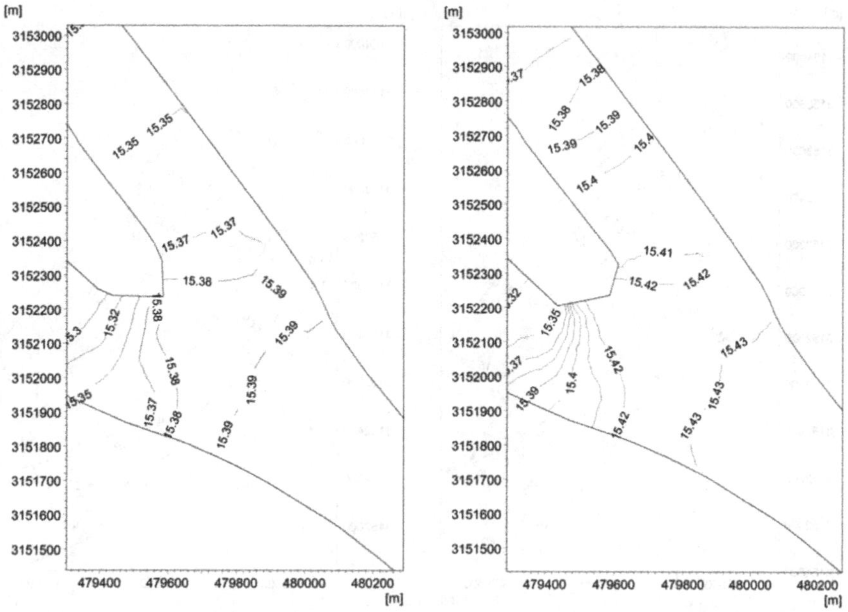


(c)90°角分流区　　(d)120°角分流区

**图 5.5　分流区不同分汊角的水位等值线图**

## 5.3.2　分流段水位

如图 5.6 所示,四个分汊角的变化中,分流区与分流段过渡段的水位在 60°角和 120°角时最高;分流段的左右汊道中游处水位分别为 14.7 m 和 15.3 m,且水位的位置基本一致。各洲头分汊角下,左右汊道下游的等水位线位置和水位落差基本一致。由以上分析可知,分汊角的改变对分流段下游的水位影响不大。

## 5.3.3　汇流区水位

如图 5.7 所示,各分汊角的水位落差皆为 1.4 m,等水位线位置和水位落差基本一致,各洲头分汊角的改变对下游汇流区水位基本无影响。

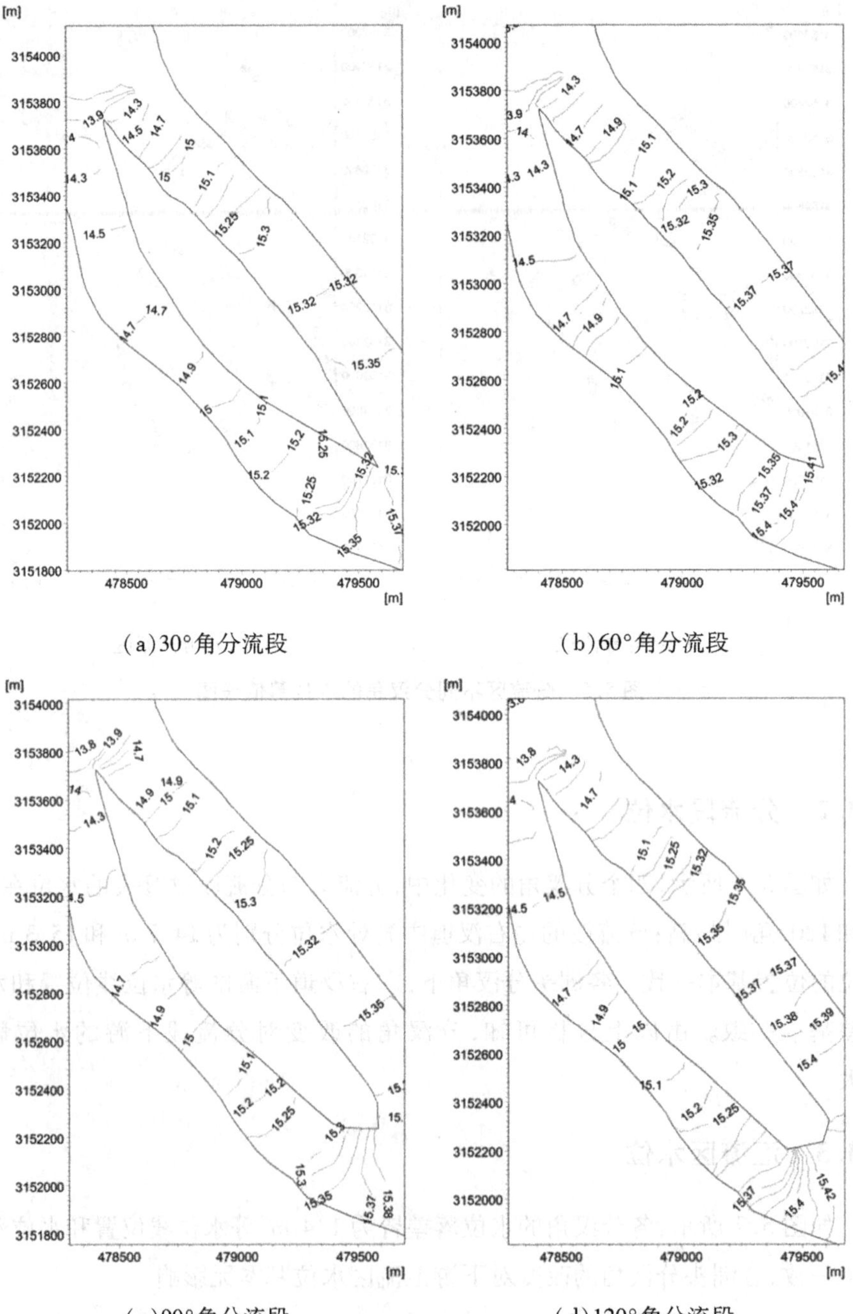


(a)30°角分流段

(b)60°角分流段

(c)90°角分流段

(d)120°角分流段

图 5.6　分流段不同分汊角的水位等值线图

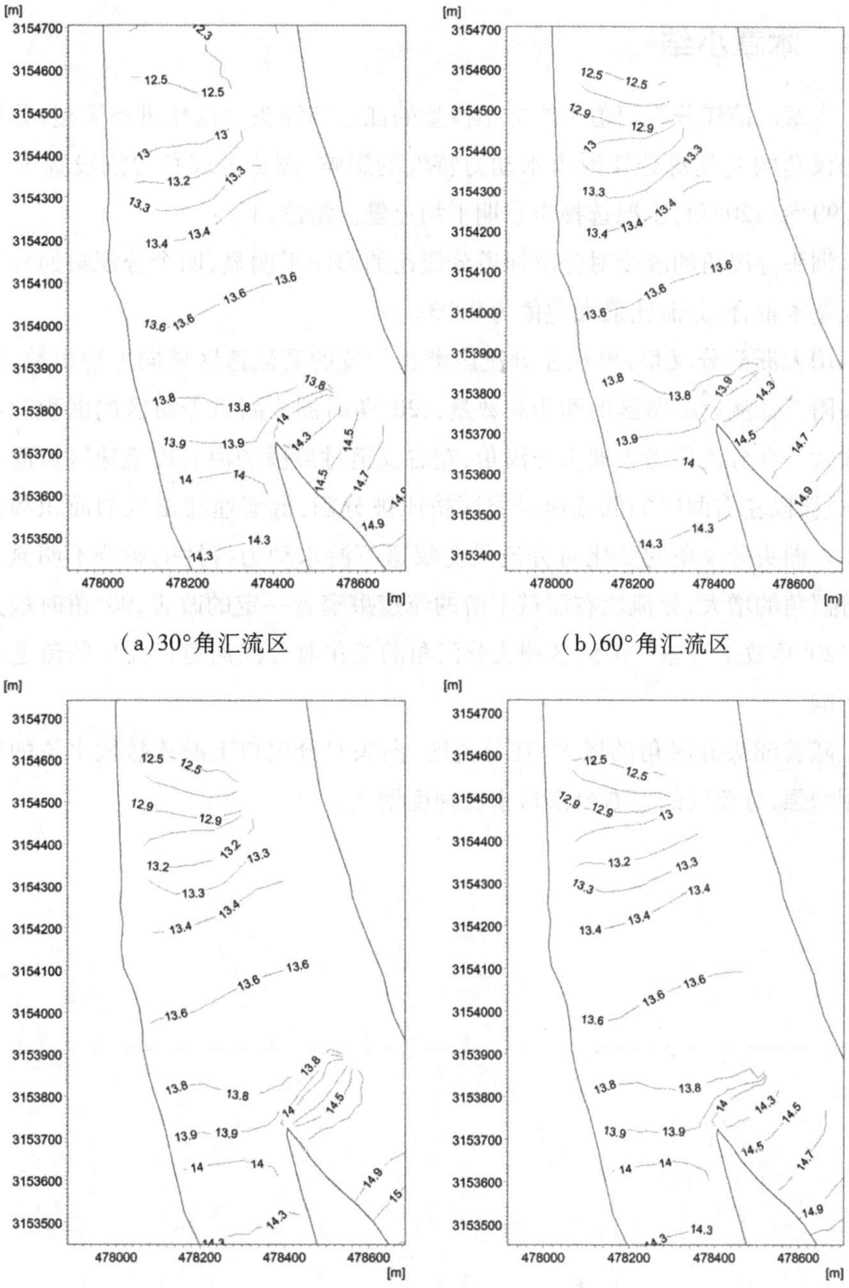


(a)30°角汇流区　　(b)60°角汇流区

(c)90°角汇流区　　(d)120°角汇流区

**图 5.7　汇流区不同分汊角的水位等值线图**

## 5.4 本章小结

本章对信江分汊河道二维数学模型的江心洲洲头分汊角进行调整，分析洲头分汊角的变化对分汊河道水动力特性的影响，洲头分汊角分别设置为30°、60°、90°和120°角，工况选择丰水期平均流量。结论如下：

洲头分汊角的改变对分汊河道分流比的影响不明显，四个分汊角的分流比曲线基本重合，分流比最大差值为0.03。

增大洲头分汊角，出现在分流区洲头位置的高流速区域向上游扩散，减少洲头附近低流速滞留区的面积和数量，120°角时洲头附近滞留区的面积和数量又增大。在分流段增大洲头分汊角，左右汊道过渡段的河心高流速区域面积增大，过渡段左右两岸的低流速滞留区挤压被分割，低流速滞留区的面积和数量减少。洲头分汊角的变化对分流段左汊道下游水动力特性的影响不明显。随着分汊角的增大，分流段右汊道下游的流速束窄有一定的改善，90°角时最为明显，120°角效果变差。汇流区洲头分汊角的变化对分汊河道汇流区的流速基本无影响。

随着洲头分汊角的增大，在分流区，洲头对分汊口上游连接段水位的壅水作用增强，分流区的左右分汊口水位梯度增大。

# 6 枢纽建设前后生态水文情势及生态流量分析

## 6.1 水文改变指标体系

### 6.1.1 IHA 指标体系

IHA 指标体系包含五类共 32 项参数，各项参数定义如下：

(1)月均流量值

月均流量为长时间序列的水文数据 1—12 月流量的平均值，四大家鱼产卵关键期为 3—6 月[106]，该时期各月的流量均值对四大家鱼的繁殖发育活动具有重要作用。

(2)年极端流量值

年极端流量值为长时间序列水文数据中年最小 1、3、7、30、90 日平均流量以及年最大 1、3、7、30、90 日平均流量；基流指数为连续 7 日最小流量。

(3)年极端流量及出现日期

年极端流量包括长时间序列水文数据中年最小及最大流量，出现日期为每年最小及最大流量出现的年积日，如 1 月 1 日出现日期为 1；2 月 1 日出现日期为 32；12 月 31 日在平年出现日期为 365，在闰年出现日期为 366。

(4)高低流量频率及历时

低脉冲流量为低于天然情况下流量 25% 频率的日均流量，高脉冲流量为高于天然情况下流量 75% 频率的日均流量。

高低流量脉冲数量与平均持续时间定义为以每年平均流量的 25% 及 75% 为依据计算界限外流量次数，每一年进行计算后多年取平均值。

(5)流量改变率与频率

年流量平均涨幅率：日均流量平均增加率(相邻两日)，累计将一年中所有连续日流量增加的增加率求和为一年的值，多年取平均值所得日均流量平均增加率。

年流量平均降幅率：日均流量平均减小率，相邻两日进行，该值为负值，累计将一年中所有连续日流量减少的减小率求和为一年的值,多年取平均值所得日均流量平均减小率。

年流量逆转的次数:指日流量变化趋势(上升或下降)改变的次数。

### 6.1.2 水文改变度

为定量评估生态水文指标在枢纽建设前后的变化程度,有效定义天然状态下环境流量的变化范围,采用 Richter 等结合 IHA 水文指标体系的研究成果提出的 RVA(range of variability approach)变动范围法及衍生出的水文改变度$D_i$来量化水利工程建设对河流水文情势的影响[107-108]。具体计算公式如下:

$$D_i = \left| \frac{N_i - N_e}{N_e} \right| \times 100\%$$

$$D_0 = \left( \frac{1}{n} \sum_{i=1}^{32} D_i^2 \right)^{0.5}$$

式中:$D_i$为第 $i$ 个水文指标的改变度;$N_i$为第 $i$ 个水文指标受干扰后落在生态水文阈值范围内的年数;$N_e$为水文指标受干扰后落在生态水文阈值范围内的预期年数,取$N_e = \gamma N_t$,其中 $\gamma$ 为水文指标受干扰前落入生态水文阈值内的比例,通常取 50%,$N_t$为受干扰后水文观测年数。取 $0 \leqslant |D_i| < 33\%$ 为低度改变,$33\% \leqslant |D_i| < 67\%$ 为中度改变,$67\% \leqslant |D_i| < 100\%$ 为高度改变,$D_o$为整体改变度,范围取值同$D_i$。

根据 IHA 指标中高低流量脉冲定义方式,选取天然水文序列中各指标 25% ~75% 区间范围作为生态水文目标上下限阈值。

## 6.2 水文情势分析

梅港站是信江下游研究区域内主要的水文控制站点,本次研究以梅港水文站 1956—2020 年共 65 年实测水位流量数据资料为基础,综合考虑界牌枢纽及八字嘴枢纽建设时间并结合 Mann-Kendall 趋势检验法,以 2003 年为界将历年数据分为枢纽建设前(1956—2003 年)和枢纽建设后(2004—2020 年)两个时段,同时运用率定验证后的 MIKE11 模型模拟研究区域内产卵场相应时间段的水位流量变化过程,统计水文站及产卵场多年月均流量、年水文极值大小及历时、高低流量脉冲数量及流量改变率等参数并计算其水文情势改变度[109-110]。

### 6.2.1　梅港站水文情势分析

采用IHA法计算枢纽建设前后梅港水文站32项水文指标数据，运用RVA法划分生态水文目标上下限阈值，同时计算各指标水文改变度等参数，计算结果见表6.1。

表6.1　梅港站突变前后IHA水文指标计算表

| 生态水文指标 | 均值 | | 均值偏离量 | 阈值 | | 水文改变度(%) |
|---|---|---|---|---|---|---|
| | 枢纽建设前 | 枢纽建设后 | (%) | 下限 | 上限 | |
| 第一组指标：月平均流量($m^3/s$) | | | | | | |
| 1月 | 211 | 225.2 | 6.74 | 82.9 | 415.4 | 52.94(M) |
| 2月 | 369.4 | 345.4 | -6.51 | 98.2 | 640.6 | 64.71(M) |
| 3月 | 664.2 | 572.2 | -13.85 | 348.3 | 980.1 | 17.65(L) |
| 4月 | 1016 | 782.5 | -22.95 | 573.4 | 1458 | 17.65(L) |
| 5月 | 1152 | 892.7 | -22.54 | 558 | 1747 | 5.88(L) |
| 6月 | 1483 | 1463 | -1.32 | 500 | 2466 | 64.71(M) |
| 7月 | 719.7 | 1074 | 49.21 | 108 | 1331 | 52.94(M) |
| 8月 | 330.3 | 544.1 | 64.74 | 122.1 | 538.4 | 41.18(M) |
| 9月 | 270.9 | 325.0 | 19.95 | 98.2 | 443.7 | 64.71(M) |
| 10月 | 193.2 | 193.3 | 0.01 | 83.7 | 302.6 | 64.71(M) |
| 11月 | 198.6 | 241.9 | 21.78 | 81.9 | 393.7 | 52.94(M) |
| 12月 | 184.2 | 214.4 | 16.39 | 67.2 | 356 | 52.94(M) |
| 第二组指标：年极值流量($m^3/s$) | | | | | | |
| 最小1日流量 | 50.1 | 81.1 | 61.94 | 21.2 | 78.9 | 5.88(L) |
| 最小3日流量 | 52.4 | 84.9 | 62.17 | 22.8 | 81.9 | 5.88(L) |
| 最小7日流量 | 56.4 | 90.9 | 61.29 | 24.5 | 88.3 | 5.88(L) |
| 最小30日流量 | 79.8 | 113.8 | 42.56 | 34.1 | 125.5 | 52.94(M) |
| 最小90日流量 | 153 | 182.7 | 19.37 | 67.2 | 238.9 | 52.94(M) |
| 最大1日流量 | 6560 | 5377 | -18.04 | 4133 | 8987 | 29.41(L) |
| 最大3日流量 | 5722 | 4687 | -18.09 | 3350 | 8094 | 29.41(L) |
| 最大7日流量 | 4235 | 3454 | -18.43 | 2252 | 6218 | 41.18(M) |

续表 6.1

| 生态水文指标 | 均值 | | 均值偏离量(%) | 阈值 | | 水文改变度(%) |
|---|---|---|---|---|---|---|
| | 枢纽建设前 | 枢纽建设后 | | 下限 | 上限 | |
| 最大 30 日流量 | 2100 | 1924 | -8.39 | 1256 | 2943 | 5.88(L) |
| 最大 90 日流量 | 1354 | 1271 | -6.15 | 853.6 | 1854 | 17.65(L) |
| 基流指数 | 0.099 | 0.165 | 66 | 0.052 | 0.148 | -17.65(L) |
| 第三组指标:年极值流量发生时间 | | | | | | |
| 最小流量日 | 327.2 | 351 | 12.99 | 257.6 | 321 | -52.94(M) |
| 最大流量日 | 160.9 | 164.9 | 2.20 | 127.5 | 194.4 | 88.24(H) |
| 第四组指标:高低流量脉冲频率及历时 | | | | | | |
| 低脉冲数量(次) | 5.8 | 5.3 | -7.93 | 2.84 | 8.664 | 17.65(L) |
| 低脉冲历时(d) | 15.6 | 11.2 | -28.24 | 6.82 | 24.47 | 29.41(L) |
| 高脉冲数量(次) | 8.7 | 6.6 | -23.12 | 5.45 | 11.84 | -5.88(L) |
| 高脉冲历时(d) | 3.5 | 4.3 | 25.20 | 2.24 | 4.69 | -29.41(L) |
| 第五组指标:流量变化率及频率 | | | | | | |
| 涨幅率 | 249.1 | 178.3 | -28.42 | 165 | 333.2 | -5.88(L) |
| 降幅率 | -136.8 | -113.2 | -17.22 | -178.5 | -95.1 | 17.65(L) |
| 逆转次数(次) | 94.4 | 122.6 | 29.89 | 82.4 | 106.4 | -76.47(H) |

(1)月均流量变化情况

枢纽建设后梅港站 3、4、5 月流量呈下降趋势,1、2、6、10 月流量均值无明显变化,均值偏离量小于 10%。枢纽建设前后月均流量对比见图 6.1。计算出各月均值流量改变度,除 3、4、5 月发生轻度改变外,其余月份均值流量均发生高度改变且为正值,说明枢纽建设后月流量均值落入生态水文目标阈值的年份远高于预期数量。变差系数方面,枢纽建设后梅港水文站断面月均流量变差系数较枢纽建设前整体有所下降,在 1 月、11 月和 12 月中,由于枢纽的蓄洪补枯作用使得信江下游河道在枯水期间流量得到补充,整体流量变化趋于平衡。

(2)年极值流量及发生时间

由图 6.2 可知,梅港水文站年最小流量在枢纽建设后有一定程度增加,年最大流量有一定程度减少。水文改变度方面,除最小 30 日、90 日流量以及最大 7 日流量发生中度改变外,其余极值流量均为轻度改变,代表枢纽建设后年极值

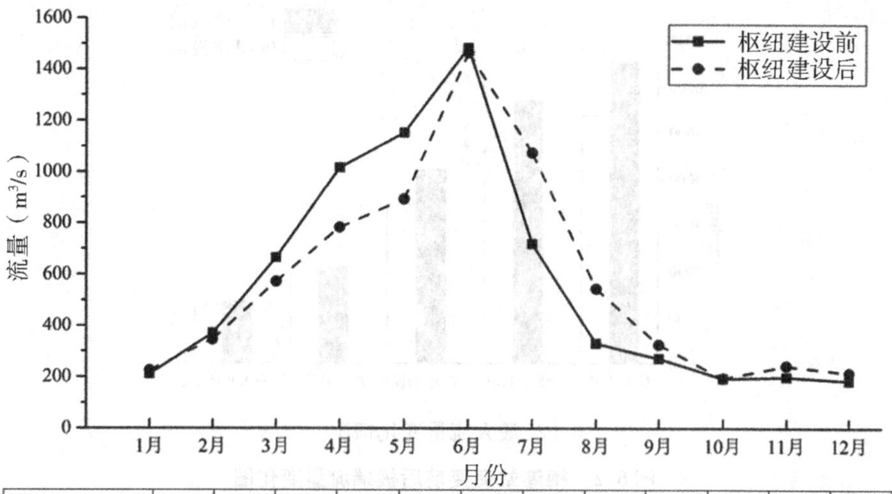


| 变差系数 | 1月 | 2月 | 3月 | 4月 | 5月 | 6月 | 7月 | 8月 | 9月 | 10月 | 11月 | 12月 |
|---|---|---|---|---|---|---|---|---|---|---|---|---|
| 枢纽建设前 | 0.97 | 0.73 | 0.48 | 0.44 | 0.52 | 0.66 | 0.85 | 0.63 | 0.64 | 0.57 | 0.98 | 0.93 |
| 枢纽建设后 | 0.60 | 0.73 | 0.45 | 0.52 | 0.54 | 0.48 | 0.84 | 0.77 | 0.65 | 0.50 | 0.80 | 0.82 |

**图 6.1　梅港站突变前后流量变化图**

流量落入生态水文目标阈值的年份与预期年份数量相近，基流指数增加 66%。枢纽建设后最小及最大流量出现时间均发生滞后，最小流量日指标发生中度改变且为负值，表明枢纽建设后最小流量日落入生态水文目标阈值年份远低于预期数量；最大流量日指标发生高度改变且为正值，表明枢纽建设后最大流量日落入生态水文目标阈值年份远高于预期数量。

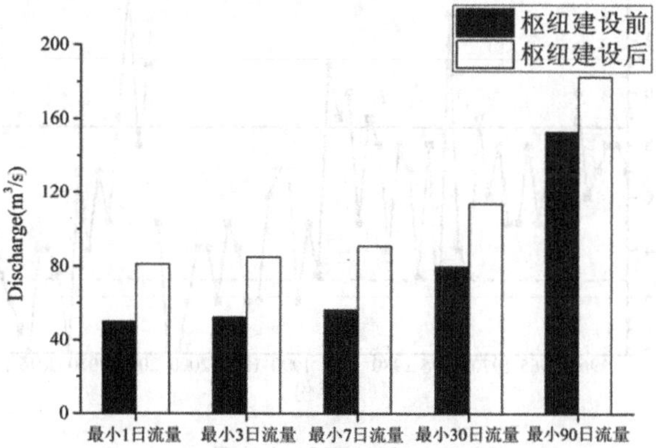


(1)最小流量变化情况

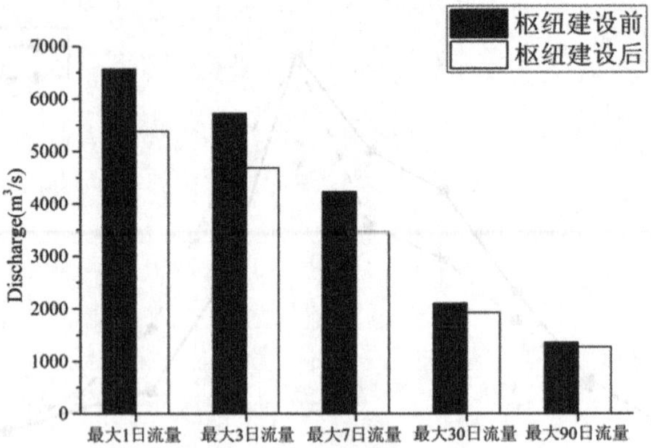


(2)最大流量变化情况

**图 6.2　梅港站突变前后极端流量变化图**

(3)高低流量脉冲频率及历时

枢纽建设后梅港水文站低流量脉冲数量及历时、高流量脉冲数量均有一定程度下降,高流量脉冲历时较枢纽建设前延长 25.2%,同时四项指标经过计算均发生轻度改变,由图 6.3 可知四项指标在枢纽建设后落入生态水文目标阈值范围内的年份接近于预期年份数量。枢纽的调度运行削弱了河道周期性洪水变化强度,其中有两年出现了无低流量脉冲现象,而高脉冲数量大部分也低于生态目标阈值下限,影响河道整体生态环境。

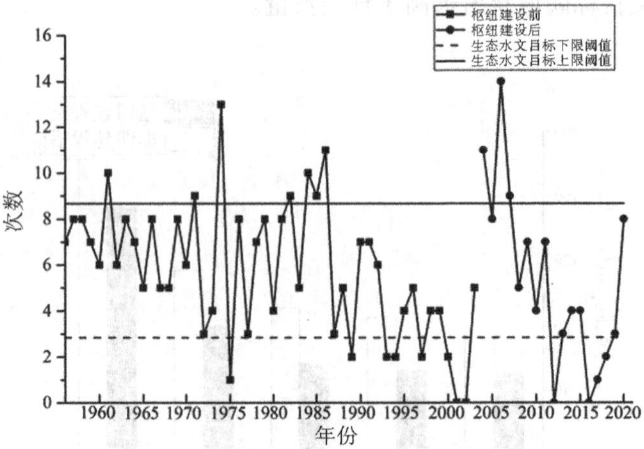


(1)低流量脉冲数量

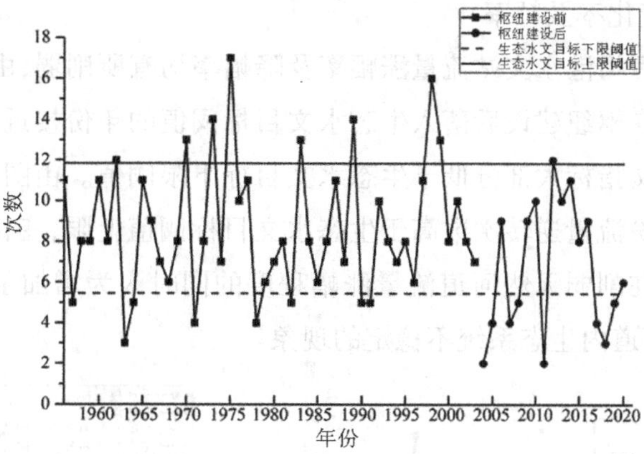


（2）高流量脉冲数量

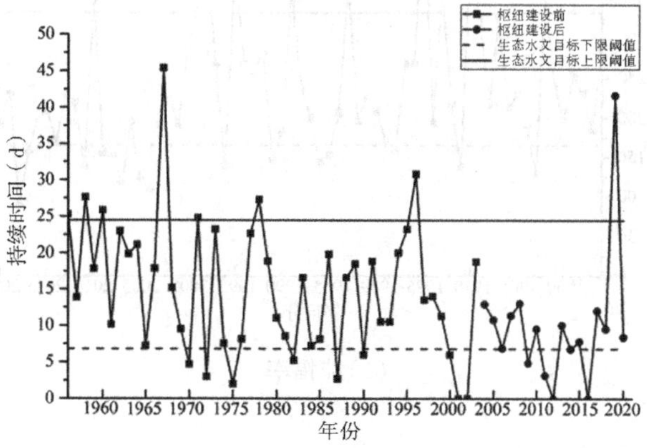


（3）低流量脉冲历时

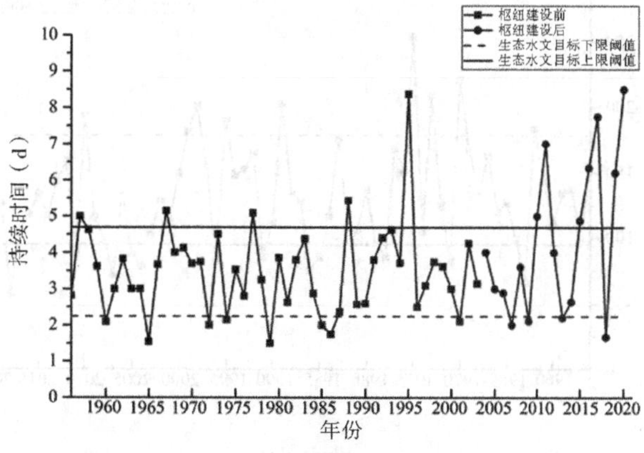


（4）高流量脉冲历时

图 6.3　梅港站突变前后流量脉冲变化图

(4)流量变化率及频率

枢纽建设后梅港水文站流量涨幅率及降幅率均有所削弱,由图6.4可知涨幅率及降幅率在枢纽建设后落入生态水文目标阈值的年份接近预期年份数量,但其余年份水文指标大部分低于生态水文目标下限阈值。由图6.4可知,枢纽建设后多数年份流量逆转次数高于生态水文目标阈值上限,变化十分明显。这表明枢纽运行在削弱天然河道流量涨幅程度的同时人为增加了河道流量的逆转频率,造成河道内生态系统不稳定的现象。

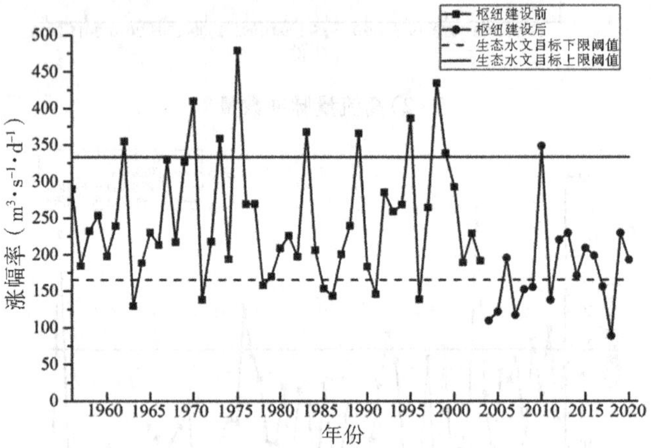


(1)涨幅率

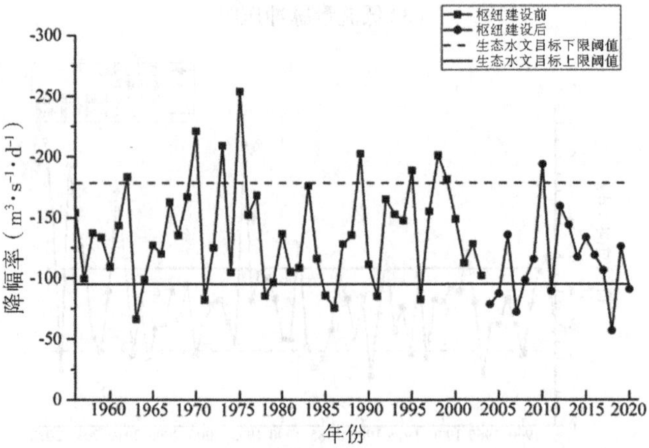


(2)降幅率

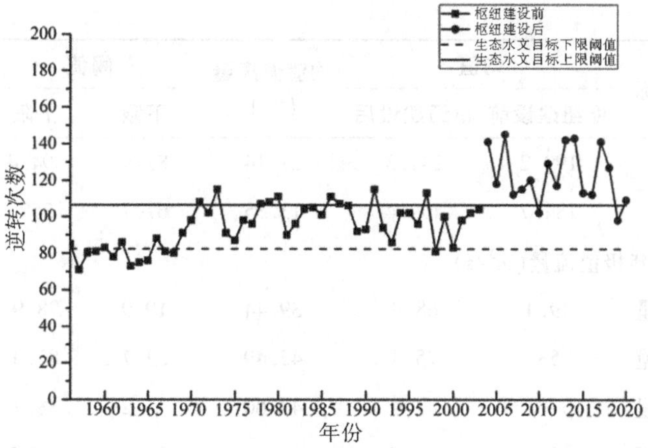


(3)逆转次数

**图 6.4 梅港站突变前后流量涨幅及逆转变化图**

## 6.2.2 产卵场水文情势分析

通过第三章建立的 MIKE11 水动力模型模拟研究区域内产卵场长时间流量过程并获得长时间序列水文数据，采用 IHA 法计算枢纽建设前后产卵场断面 32 项水文指标数据及各指标水文改变度等参数，生态水文目标上下限阈值划分方式与梅港站一致，计算结果见表 6.2：

**表 6.2 产卵场突变前后 IHA 水文指标计算表**

| 生态水文指标 | 均值 | | 均值偏离量(%) | 阈值 | | 水文改变度(%) |
|---|---|---|---|---|---|---|
| | 枢纽建设前 | 枢纽建设后 | | 下限 | 上限 | |
| 第一组指标：月平均流量($m^3/s$) | | | | | | |
| 1 月 | 211.3 | 217 | 2.70 | 84.6 | 415.6 | 76.47(H) |
| 2 月 | 370 | 343.3 | −7.23 | 98.9 | 641.2 | 52.94(M) |
| 3 月 | 664.2 | 565.9 | −14.81 | 348.6 | 979.8 | 29.41(L) |
| 4 月 | 1008 | 813.4 | −19.32 | 567.2 | 1449 | −5.88(L) |
| 5 月 | 1140 | 929.1 | −18.51 | 554.3 | 1726 | 17.65(L) |
| 6 月 | 1482 | 1503 | 1.42 | 504.5 | 2460 | 64.71(M) |
| 7 月 | 720.8 | 861.8 | 19.56 | 105 | 1337 | 76.47(H) |
| 8 月 | 329.5 | 421.7 | 27.96 | 121.7 | 537.4 | 64.71(M) |
| 9 月 | 271.6 | 292.7 | 7.80 | 99.1 | 444 | 76.47(H) |
| 10 月 | 193.6 | 188.4 | −2.71 | 84.2 | 303.1 | 76.47(H) |

续表 6.2

| 生态水文指标 | 均值 | | 均值偏离量(%) | 阈值 | | 水文改变度(%) |
|---|---|---|---|---|---|---|
| | 枢纽建设前 | 枢纽建设后 | | 下限 | 上限 | |
| 11 月 | 199.2 | 241.3 | 21.14 | 81.9 | 394.4 | 64.71(M) |
| 12 月 | 184.7 | 209.4 | 13.35 | 67.7 | 357 | 64.71(M) |
| 第二组指标:年极值流量($m^3/s$) | | | | | | |
| 最小 1 日流量 | 49.4 | 68.9 | 39.44 | 19.9 | 78.9 | 41.18(M) |
| 最小 3 日流量 | 53 | 75.5 | 42.49 | 23.7 | 82.3 | 41.18(M) |
| 最小 7 日流量 | 57.1 | 81.9 | 43.60 | 25.2 | 88.7 | 41.18(M) |
| 最小 30 日流量 | 80.1 | 104.7 | 30.72 | 34.5 | 125.7 | 64.71(M) |
| 最小 90 日流量 | 153.4 | 175.4 | 14.35 | 67.7 | 239.1 | 41.18(M) |
| 最大 1 日流量 | 6792 | 5733 | -15.59 | 4261 | 9322 | 17.65(L) |
| 最大 3 日流量 | 5806 | 5004 | -13.82 | 3387 | 8226 | 41.18(M) |
| 最大 7 日流量 | 4266 | 3584 | -15.99 | 2266 | 6266 | 52.94(M) |
| 最大 30 日流量 | 2087 | 1859 | -10.88 | 1241 | 2932 | 17.65(L) |
| 最大 90 日流量 | 1348 | 1231 | -8.64 | 847.6 | 1848 | 29.41(L) |
| 基流指数 | 0.101 | 0.156 | 53.71 | 0.054 | 0.149 | 5.88(L) |
| 第三组指标:年极值流量发生时间 | | | | | | |
| 最小流量日 | 321.1 | 338.1 | 9.32 | 245.8 | 313.8 | -17.65(L) |
| 最大流量日 | 162.4 | 167.6 | 2.85 | 129.7 | 195 | 76.47(H) |
| 第四组指标:高低流量脉冲频率及历时 | | | | | | |
| 低脉冲数量(次) | 5.9 | 6.6 | 13.14 | 2.8 | 8.9 | -17.65(L) |
| 低脉冲历时(d) | 15.6 | 12.1 | -22.24 | 7.2 | 23.9 | -5.88(L) |
| 高脉冲数量(次) | 8.7 | 7 | -19.23 | 5.4 | 11.9 | 5.88(L) |
| 高脉冲历时(d) | 3.4 | 3.8 | 9.86 | 2.2 | 4.7 | 5.88(L) |
| 第五组指标:流量变化率及频率 | | | | | | |
| 涨幅率 | 238.1 | 194 | -18.53 | 153 | 323.2 | 17.65(L) |
| 降幅率 | -140.1 | -126.9 | -9.44 | -183.3 | -96.9 | 29.41(L) |
| 逆转次数(次) | 111 | 124.2 | 11.91 | 90.6 | 131.3 | 41.18(M) |

(1)月均流量变化情况

枢纽建设后信江下游产卵场处断面2、3、4、5月流量较天然河道流量有一定程度的减少,1、6、10月流量均值在枢纽建设前后偏离量小于5%,无明显变化。枢纽建设前后月均流量对比见图6.5。通过计算水文改变度可得除4月均值流量改变度为负值外,其余月份均值流量水文改变度均为正值,表明枢纽建设后多数月份均值流量落入生态水文阈值的年份高于预期年数,且1、7、9、10月份均值流量发生高度改变。变差系数方面,枢纽建设前变差系数均值为0.70,枢纽建设后变差系数均值为0.65,代表枢纽建设后信江下游产卵场断面离散程度有所下降,流量趋于平均。其中非汛期1月、11月和12月份产卵场断面变差系数在枢纽建设后出现明显下降,代表了枢纽调度对产卵场断面的月均流量在非汛期的影响更大。

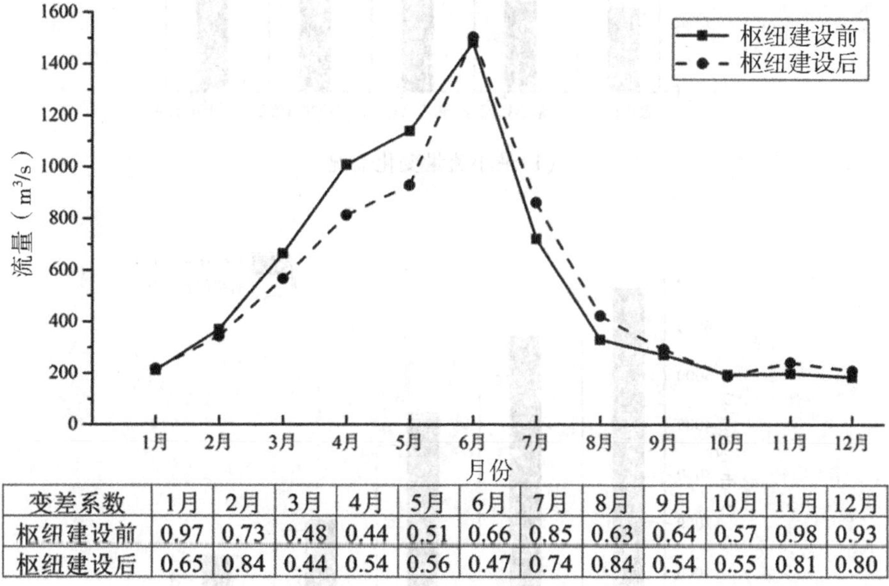


| 变差系数 | 1月 | 2月 | 3月 | 4月 | 5月 | 6月 | 7月 | 8月 | 9月 | 10月 | 11月 | 12月 |
|---|---|---|---|---|---|---|---|---|---|---|---|---|
| 枢纽建设前 | 0.97 | 0.73 | 0.48 | 0.44 | 0.51 | 0.66 | 0.85 | 0.63 | 0.64 | 0.57 | 0.98 | 0.93 |
| 枢纽建设后 | 0.65 | 0.84 | 0.44 | 0.54 | 0.56 | 0.47 | 0.74 | 0.84 | 0.54 | 0.55 | 0.81 | 0.80 |

图6.5 产卵场突变前后流量图

(2)年极值流量及发生时间

由图6.6可知,枢纽建设后信江下游产卵场处断面年最小流量较枢纽建设前均有所增加,年最大流量较枢纽建设前均有所减少,极值流量的变化使得断面流量变化范围缩小。水文改变度方面,年最大1日、30日、90日流量发生轻度改变，其余极值流量均为中度改变，年极值流量整体水文改变度较高。基流指数在枢纽建设前后均值偏离量为53.71%，代表最低流量与年均流量的差距缩小。年极值流量发生时间方面，年最大及最小流量发生时间在枢纽建设后均出现了滞后现象，最大流量发生时间指标高度改变且为正值，表明枢纽建设后最大流量日落入生态水文目标阈值年份远高于预期数量；最小流量发生时间指标呈轻度改变，指标数值落入生态水文目标阈值年份与预期数量接近。

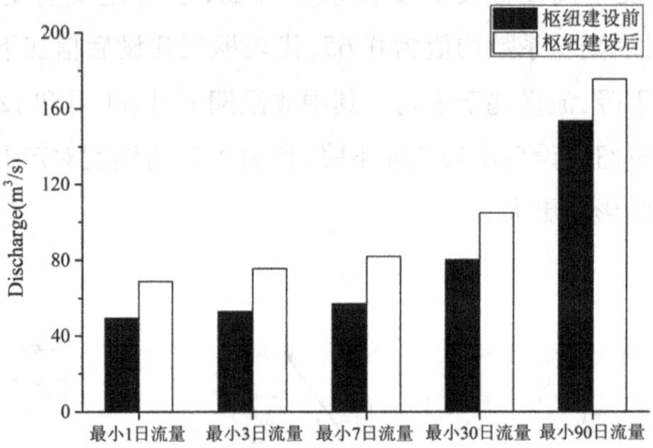


(1)最小流量变化情况

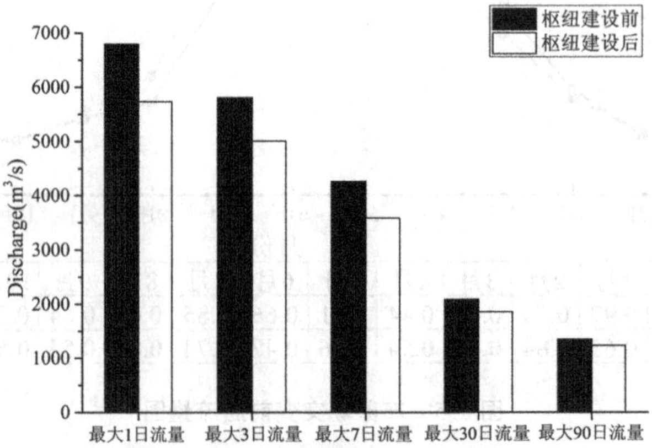


(2)最大流量变化情况

**图6.6　产卵场突变前后极端流量变化图**

(3)高低流量脉冲频率及历时

由表6.2可知，枢纽建设后信江下游产卵场处断面低流量脉冲数量平均增长0.7次，持续时间平均下降3.5天，高流量脉冲数量平均下降1.7次，持续时间平均增长0.4天；由图6.7可知，四项指标在枢纽建设后落入生态水文目标阈值范围内的年份接近于预期年份数量，其中低流量脉冲历时及高流量脉冲数量两项参数未在生态水文目标阈值内的年份大部分低于下限阈值。高流量脉冲次数的显著降低弱化了流量过程对四大家鱼的刺激性产卵信号，降低了四大家鱼产卵率。

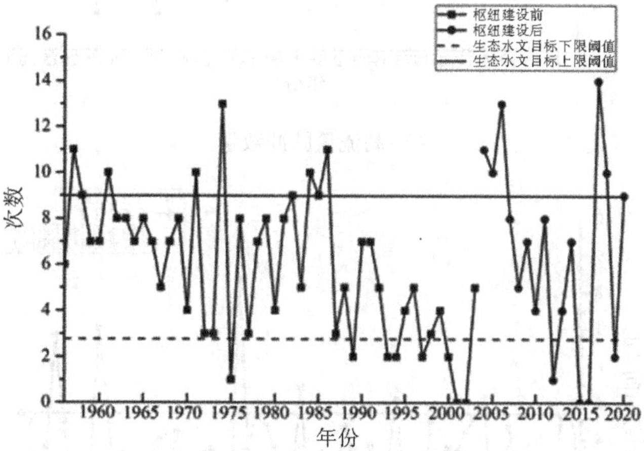


(1)低流量脉冲数量

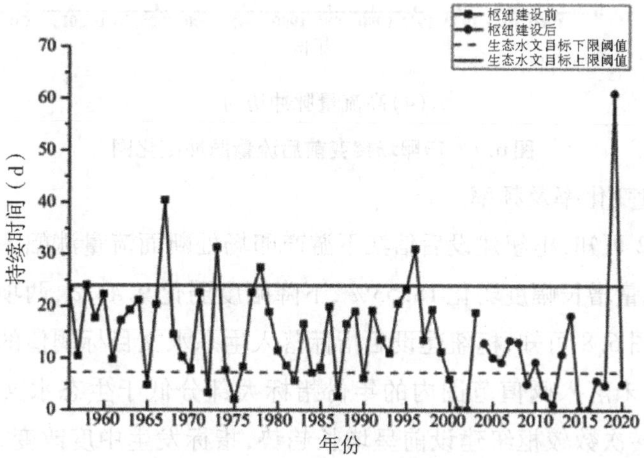


(2)低流量脉冲历时

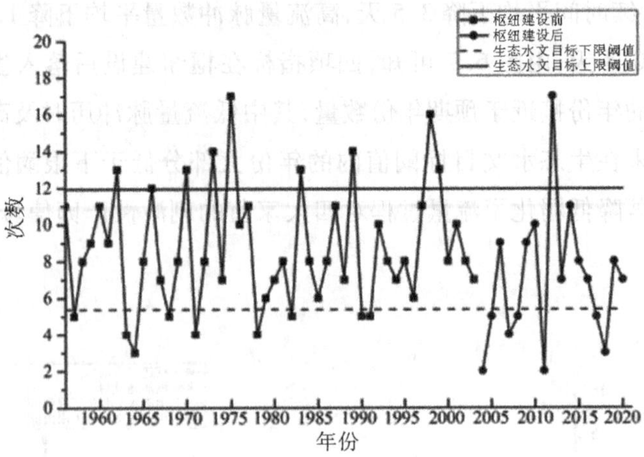


(3)高流量脉冲数量

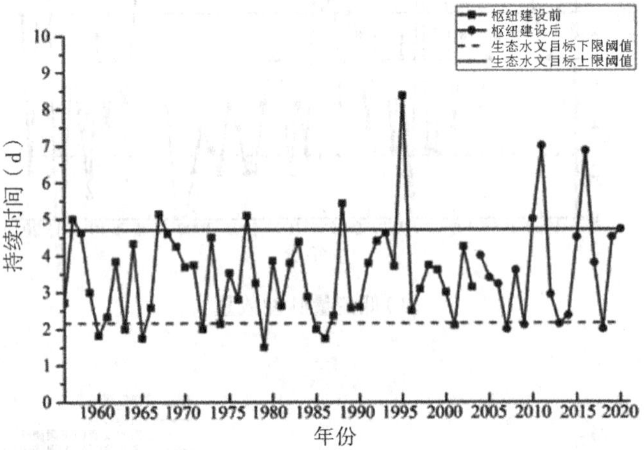


(4)高流量脉冲历时

**图6.7 产卵场突变前后流量脉冲变化图**

(4)流量变化率及频率

由表6.2可知,枢纽建设后信江下游产卵场处断面流量涨幅率及降幅率均有所削弱,流量增长幅度弱化18.53%,下降幅度弱化9.44%,两项指标均为轻度改变。由图6.8可知,枢纽建设后指标落入生态水文目标阈值的年份接近预期年份数量,未落入阈值范围内的年份指标大部分低于生态水文目标下限阈值。流量逆转次数较枢纽建设前呈增长趋势,指标发生中度改变,由图6.8可知该项指标在枢纽建设后未落入生态水文目标阈值内的年份逆转次数均高于目标阈值上限,变化较为明显。

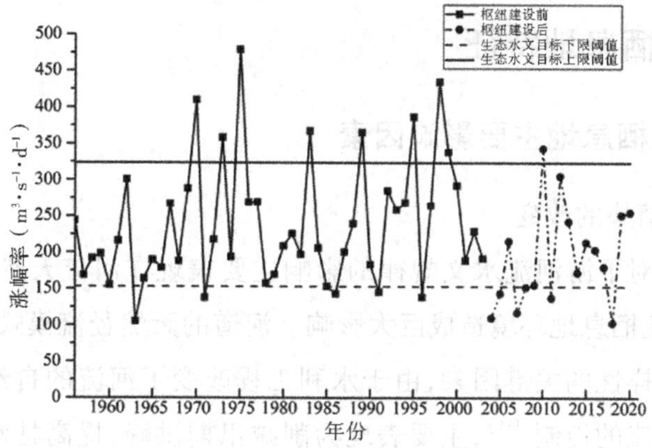


（1）涨幅率

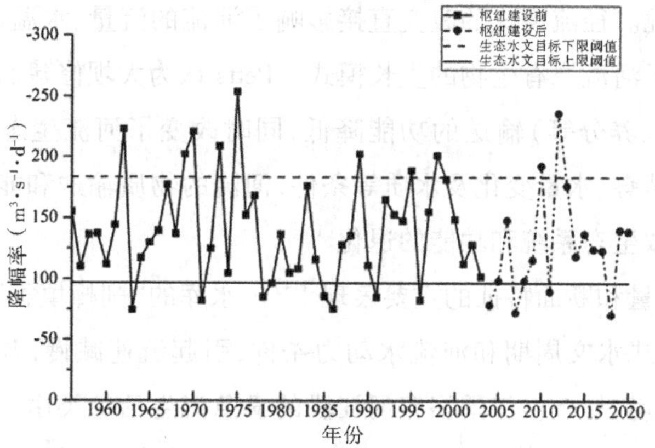


（2）降幅率

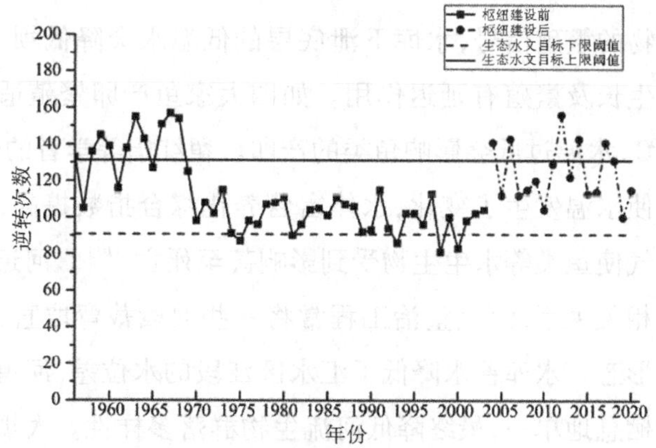


（3）逆转次数

**图 6.8　产卵场突变前后流量涨幅及逆转变化图**

## 6.3 鱼类栖息地特征

### 6.3.1 河流栖息地主要影响因素

(1)水文情势的改变

水利工程对下游河流水文规律的影响主要表现在河流天然径流情势的变化,从而对河流栖息地环境造成巨大影响。河道的天然径流模式是保证河流生态完整性和多样性的关键因素,由于水利工程改变了河流的自然径流模式,加强了对河流径流的控制[111],主要表现为削减汛期洪峰、提高枯水流量、降低流量过程的起伏三个方面[112]。栖息地环境指的是栖息地的水质、流态、水温、径流、泥沙等状况。径流模式的改变直接影响了河流的流量、水温、河道结构等物理特性,扰乱了河流原有生物的生长模式。Petts 认为大坝修建后河流下游物质(泥沙、悬浮物、养分等)输送的功能降低,同时改变了河流生态系统的能量流动、河流水文情势、水量变化及水质等条件,河流的物质输送和能量流动发生变化后,从而导致生态系统和功能的退化[113]。

流速是流量和断面特征的重要表现[114]。水库的"削峰填谷"功能改变了河流原有的脉冲式水文周期和河流水动力条件,引起流速减慢,改变了喜急流性鱼类栖息地环境,如金沙江溪洛渡河江段的喜急流生活鱼类由于无法适应静水环境而从库区中消失[115]。流速减慢还会引起产漂浮性卵鱼类的资源量下降,流速减慢无法形成漩滚使得漂浮性鱼卵下沉,最终导致漂浮性鱼卵无法孵化。水温是水生生物的繁殖信号,水库下泄底层的低温水会降低坝下水温,对鱼类等水生生物的生长及繁殖有延迟作用。如四大家鱼产卵繁殖适宜的水温范围为 18 ℃ ~27 ℃,水温过低会影响鱼类的产卵。翟红娟等学者的研究显示,漫湾大坝运营期间使水温发生了变化,水体富营养化综合指数提高,水中含有的高浓度氮气和氧气使鱼类等水生生物受到影响甚至死亡[110]。河道结构与生态系统完整性呈正相关关系,河流整治工程常将一些河段裁弯取直,破坏了天然河道蜿蜒曲折的形态。水库蓄水降低了汇水区江段的水位差,河道地形的单一会造成水生生物栖息地单一,最终降低河流生物群落多样性。大坝的建设将改变河流泥沙输送的自然规律。河道上游的泥沙在水库和上游干支流大量沉积,打破了泥沙的动态运动平衡,这必将引起河流栖息地面积的缩减。而泥沙浓度的下降会导致河流透明度增加，继而影响藻类、水生生物、底栖生物等河流生物。长江上的三峡水库蓄水后，仅半年时间水库淤积泥沙就达到了 $1.24 \times 108$ 吨，直接引起了下游河道的冲刷[116]。1958 年，丹江口水库使得洪水排放量大大减少，低流量排放量增加，导致大坝下游 7 公里处的黄家港站的悬浮泥沙浓度急剧下降，同时造成了下游冲刷严重[117]。泥沙输送量的变化还会改变河床底质结构，底质是影响河流底栖动物群落结构的主要环境因素[118]。建坝前大坝上游库区河段河床底质大多为砾石，对于大部分底栖动物和鱼类，卵石和黏土淤泥是较好的底质，而沙和粉砂则不利于生物栖息[119]。水库造成的泥沙淤积使原有的栖息环境发生变化，颗粒较小的泥沙覆盖在卵石、砾石等原有的河床底质上，底质的变化造成了水库中鱼类、底栖生物数目的减少。

(2)阻隔和生境破碎化

水利工程破坏了河流的连续性，造成了生态系统的胁迫。栖息地的破碎化和片断化会不同程度地降低栖息地的质量，甚至造成种群的隔离，对河流栖息地有着巨大的扰动作用。根据记载，人类从公元前 3000 年开始对河流进行开发，至今世界主要河流已建设 10 万多座大坝，它们在蓄水、灌溉、发电、供水、防洪和航运等方面对人类社会发展起到了重要保障作用。按照世界大坝委员会(internationa commission on large dams, ICOLD)的标准，2011 年数据显示，世界范围内已有 37626 座大坝[120]。据统计，世界上最大的 227 条大型河流中有 60% 左右的河流因修筑堤坝等其他工程建造而造成严重或轻度割裂[121]。近百年来，大坝是造成全球 9000 种淡水鱼近 1/5 遭受灭绝、受威胁或濒危的主要原因，将近 3/4 的德国淡水鱼和 2/5 的美国淡水鱼也受到了它的影响。易雨君的研究显示，由于葛洲坝的阻隔作用，部分洄游鱼类如圆口铜鱼、铜鱼等的洄游路线被截断，滞留于大坝的下游江段。部分江湖洄游鱼类(如四大家鱼)的产卵场主要分布在长江中上游，大坝的阻隔严重缩小了鱼类产卵场范围，致使四大家鱼的种群资源量及在渔获物中的比例大幅度减小[119]。

当河流原有的连续性被破坏后，水环境的物理、化学特性也会随之发生变化。泥沙和营养物在库区的长期沉积，有可能引起库区及部分库汊的水质恶化。在水库蓄水初期，水体营养水平的增加会为藻类等浮游植物和以浮游植物为食的浮游动物的生长提供条件。但水质继续恶化会引起藻类的数量激增，藻类的爆发将大量消耗水体中的溶解氧，导致水体中溶解氧浓度降低，会使其他水生生物因缺氧而死亡[111]。生境条件的改变超过生物自我调节恢复能力后，物种将面临衰退、濒危和绝迹的威胁[112]。1980年葛洲坝工程修建完成，不但阻断了中华鲟的繁殖洄游通道，而且河流下泄流量的减少使得产卵场的实际水面缩小，从而使葛洲坝下游相应的水文要素如水位、水温、流量、流速、含沙量发生改变。中华鲟产卵场由过去的800 km江段缩减至葛洲坝下游不足5 km的江段，极大影响了中华鲟的繁殖生育率[122]。Nixon对阿斯旺大坝进行了研究。1944年，阿斯旺大坝建成后尼罗河运输的营养物质仅为原始状态河流的10%左右，当地流域的渔业资源出现严重衰竭，但阿斯旺大坝因为洪水损毁后，浮游植物数量出现激增，渔业也出现了复苏[123]。

（3）水体污染物输移

河岸带土地利用类型的改变、施工噪音、水体污染、过度捕捞等其他因素对河流栖息地造成的直接影响相对较小，但是近年来这些行为使河流生物栖息地减小、细碎化、被迫迁移等现象愈演愈烈[124]。如农业用地使得河岸带的土地利用类型发生改变，使得低地、湿地和林地丧失，导致泥沙淤积和河岸侵蚀加剧，对河流的水生态系统也会产生不同程度的影响。河岸植被在确定河流栖息地质量方面很重要，因为它们可以提供遮蔽，维持河岸的稳定性。植被覆盖率过低会使原有栖息地的功能丧失，从而挤压鱼类栖息地空间。鱼类等水生生物对噪音的敏感性较高，施工作业的噪音会迫使其逃离栖息地，而且会直接干扰、阻断河道内生物的正常产卵繁殖、索饵洄游等生命活动[125]。河流中污染物质种类繁多，一般分为有机污染物、植物营养物、水体重金属三类，河流污染物类型及来源见表6.3[126]。向水体排放生产和生活废水造成的水体污染会引起重金属离子浓度增高、pH值偏离正常范围，会导致水生生物细胞受损，影响水生生物繁殖和发育。过度捕捞会直接破坏鱼类栖息地，带来鱼类群落生物多样性降低、鱼类个体趋于小型化、群落结构和食物链发生变化等一系列不利影响。

表 6.3 河流污染物类型及来源

| 河流污染物类型 | 污染物 | 污染物来源 | 影响 |
| --- | --- | --- | --- |
| 有机污染物 | 主要指酚类、醛类、糖类、氢氰酸、氰化钾、硫酸、硝酸等。 | 制革、食品、造纸、电镀、塑料、化肥、硫酸和硝酸等工厂排放的废水。 | 改变水的 pH 值，抑制微生物的生长，消耗水中的溶解氧，有机物厌氧发酵污染环境，毒害水生生物。 |
| 植物营养物 | 主要指硝酸盐、亚硝酸盐、铵盐和磷酸盐等。 | 食品、化肥、工业的废水和生活污水。 | 水体富营养化，出现“水华”现象，一方面降低水中溶解氧，另一方面阻碍阳光照射，不利于鱼类等水生生物生存。 |
| 水体重金属 | 主要指汞、镉、铬、铅、砷等生物毒性显著的重金属离子。 | 自然界的重金属随迁移循环存在于水体；化石燃料的燃烧、采矿和冶炼及重金属工业企业的废水、废气和废渣的排放等。 | 重金属在水中比较稳定，是污染水体的剧毒物质，极容易产生毒性效应，并且可以经过食物链的生物放大作用。 |

## 6.3.2 河流栖息地健康评价

(1)栖息地评价指示物种的选择

对河流健康的评价最早开始于对水质的评价，但水质评价只是对部分河流健康内容的评价，不能揭示损害河流健康多方面的因素，因此，河流健康评价的内容开始转向对河流生态质量的评价。而指示生物法是对河流生态系统健康评价最常采用的方法，通过野外监测或水环境模型将指示物种所需的生境因子与适宜度评价指标相结合，模拟流量和适宜生境分布之间的定量关系，获得保护水生生物的生态流量，为河流水资源合理开发利用提供依据[127]。用于河流生境评价的指示物种可采用鱼类、底栖无脊椎动物、大型水生植物、藻类和鸟类[128]。其中鱼类、硅藻以及底栖无脊椎动物为最常见的指示物种[129]，其功能描述见表 6.4。

表 6.4　指示物种种类及其描述

| 指示物种种类 | 优缺点 | 评价方法 |
| --- | --- | --- |
| 鱼类 | 优点:对水环境的变化敏感且与其他水生生物关系紧密。根据鱼类的不同生命阶段对栖息地的需求不同的特点,选取鱼类更为全面合理。<br>缺点:只适用于评价小型河流的健康状况,对比其他指示物种,工作量较大。 | 主要应用美国生态学家 Karr 提出的 IBI 进行评价,即利用生物群落结构和功能改变评价水域生态系统健康。 |
| 硅藻 | 优点:具有种类多、分布广、生活周期短、对水环境理化因子反应灵敏的特点,并且适用于各种类型的河流。<br>缺点:硅藻受区域大环境影响不明显。 | 南美大草原硅藻指数(Pampean diatom index, PDI)、澳大利亚河流硅藻种类指数(diatom species index for Australian rivers, DSIAR)等。 |
| 底栖无脊椎动物 | 优点:物种众多、生命周期长、体型大、行动缓慢、易于采集。分类与鉴定技术简单易于学习。<br>缺点:只适用于小型河流健康状况的评价。 | 主要有单一生物指数、多样性指数和多指标指数三种方法,目前底栖生物的河流健康评价以多指标指数法为主流。 |

鱼类作为水生生态系统中高营养级生物,通过上行效应和下行效应与环境间存在密切的相互作用,鱼类群落空间结构和物种丰富度反映了水生生态系统的健康状况,故欧洲水框架指令 2000(WFD)指定鱼类作为指示河流生态状况的物种。硅藻是水生态系统中重要的初级生产者,处于河流生态系统食物链的始端,反映了水环境的平均状况。近年来,硅藻作为河流生态系统健康评价的重要指标之一被应用于水质的监测和评价中[130],常被用来监测水体营养富集状况[131]。底栖无脊椎动物是河流生态系统的重要组成部分,其群落结构与河流栖息地密切相关,是物质循环和能量流动中不可或缺的重要组成部分[132]。它常被用来监测复合胁迫类型的影响,比如有机污染、酸碱度等[133-135]。目前应用底栖无脊椎动物的河流健康评价仍然占据主导地位。基于底栖无脊椎生物的河流健康评价方法见表 6.5。

表 6.5 基于底栖无脊椎生物的河流健康评价方法

| 分类 | 河流健康评价方法 | 优缺点 |
|---|---|---|
| 单一生物指数法 | Goodnight-Whitley 生物指数、Trent 生物指数、BI(biotic index)指数、Chutter 生物指数等。 | 单一生物指数方法众多,操作简单,但常常只能反映河流污染状况,难以全面反映河流生态系统的所有变化。 |
| 多样性指标法 | Shannon-Wiener 多样性指数、Simpson 指数、Trent 生物学指数、Margalef 丰富度指数等。 | 多样性指数突出了物种之间的关联性,对河流健康状况的反映相对较为全面。 |
| 多指标指数法 | 底栖大型无脊椎动物生物完整性指数(benthic macroinvertebrate index of biological integrity,B-IBI)、无脊椎动物物种指数(invertebrate species index,ISI)、大型无脊椎动物多指标指数(multimetric macroinvertebrate index flanders,MMIF)等。 | 多指标指数对指标间的相互关系进行深入分析,能够明显区分不同强度的人为干扰,且评价结果受季节的影响不明显。 |

(2)河流栖息地健康评价指标

国外对河流健康评价研究较早,主要集中在水质、水生态、水文等河流自然属性方面的研究。20 世纪 80 年代,美国、英国、南非和澳大利亚等国家便提出河流生态系统评价方法并得到了应用。现将不同国家的河流健康评价方法、评价内容及优缺点辨析归纳见表 6.6[136-139]。我国不仅考虑了河流自然属性研究,也将河流的社会服务功能加入其中。贾蕊在赣江的河流健康评价中,提出自然形态状况、生态环境状况和社会服务状况三个方面的河流健康评价指标[140]。河流健康指标体系的选取需要明确河流生态健康评价的目标,目标决定尺度和内容。不同的河流发育演变规律不同,面临的健康问题不同,对其服务功能要求也不同,健康评价的结果会有一定差异,所以在选择指标时必须因地制宜。如在 2005 年的首届长江论坛上,长江水利委员会正式出台了由 18 个指标组成的健康长江评价指标体系。

(3)栖息地数学评价模型

由于河流生物和生物变量预测物种的不断变化,为了更好地理解河流生物物种与栖息地的关系,并量化栖息地的需求,需要对河流生物栖息地进行评估[141]。国外对河流生物栖息地评估的研究开始较早,目前已形成了成熟的河流生境评估方法或模型,主要河流栖息地评估方法见表6.6。在我国,赵进勇将河流栖息地评价方法分为4类,分别为水文水力学法、河流地貌法、栖息地模拟法和综合法。

表6.6 国外主要河流栖息地评估方法

| 评估方法 | 提出者 | 特点 |
| --- | --- | --- |
| 基于栖息地的环境评价(habitat as a basis for enviromental assessmental, HBEA) | 1980年由美国鱼类和野生动物署(U.S. Fish and Wildlife Service)提出。 | HBEA阐述了栖息地评估的原理与概念。 |
| 栖息地评估程序(habitat evaluation procedure,HEP) | 1980年由美国鱼类和野生动物署(U.S. Fish and Wildlife Service)提出。 | HEP是一种灵活的技术,可用于陆地生境和水生生境,说明对陆地与水生栖息的评估程序。 |
| 栖息地适宜性指数(habitat suitability index,HSI) | 1981年由美国鱼类和野生动物署(U.S. Fish and Wildlife Service)提出。 | HSI阐述了HEP的技术细节,如适宜性因子的赋值方法。 |
| 快速生物评估草案(rapid bioassessment protocol, RBP) | 1998年由美国环境署(United States Environmental Protection Agency)提出。 | 它是一种综合评估方法,评估内容为物理化学水质参数、自然状况定量特征以及河道特征。但它也存在局限性,只适用于调查河床较短的河段。 |
| 河道内流量增加法(instream flow incremental methodology,IFIM) | 1980年由美国鱼类和野生动物署(U.S. Fish and Wildlife Service)提出。 | IFIM是一种单变量栖息地适宜性模型。它假设水深、流速、基质和覆盖物是流量变化对物种数量和分布造成影响的主要因素[142],通过物种数量来表示栖息地的适宜程度。 |
| 物理栖息地模拟法[143](physical habitat simulation system,PHABSIM) | 1992年由美国鱼类和野生动物署(U.S. Fish and Wildlife Service)提出。 | 在对河流进行概化的基础上得出结果,操作性强。但其为一维模型,无法模拟更精确的水力因素,具有一定的局限性。 |

### 6.3.3 主要问题

在河流的健康评估中,要加强对河流的监测和评估,协调解决河流和栖息地质量问题,采取有效的措施来遏制河流健康不断恶化的趋势,改善退化的河流并恢复栖息地的生境特征。这是目前河流栖息地健康评价亟待解决的问题，也是今后的主要发展方向。

指示物种的选取要综合考虑到它们的敏感性和可靠性，即明确它们对生态系统健康指示作用的强弱[144]，根据实际情况确定适宜的指示物种。如根据浮游动物的丰度和组成对富营养化很敏感的特点，Jara 等将浮游动物作为指标评价地中海流域水库营养状态[145]。不同的底栖生物对个体环境参数表现出不同的耐受水平，Niba 等利用大型底栖无脊椎动物作为指示物种评估了 Mthatha 河系统的生态完整性[146]。生物指标的选取大多数使用单一生物，但由于生态系统具有复杂性，仅依靠某一类敏感物种表示系统变化不可能展现出清楚的因果关系。2000 年，《欧盟水框架指令》建议欧盟成员国采用多种生物综合评价河流健康状况，如综合鱼类与大型无脊椎动物、藻类与大型无脊椎动物等评价河流健康。在我国，关于建立多种指示生物评估河流健康状况还未开展广泛研究，但鉴于应用多种生物评价河流健康可以更好地反映人类对水生生态系统的影响，因此这将是未来极具潜力的评价方向。

在河流健康评价指标体系构建中，各具体指标类别的选择并没有统一的标准。不同河流面临的问题不尽相同，既有共性问题，也有地区性的特定问题。中国河流大多处于亚健康状态，目前普遍存在洪涝灾害严重、河道断流频繁、河道淤积加剧、水污染严重以及水生态环境恶化的问题，我们应该在借鉴国外已有的研究成果的基础上，结合我国国情、当地特点和居民的期望，构建适合我国的科学合理的评价指标体系进行评价。如郑丙辉等参考澳大利亚的河流条件指数法，针对辽河流域河流栖息地建立了由底质、栖息地复杂性、速度与深度结合特性、堤岸稳定性、河道变化、河水水量状况、植被多样性、水质状况、人类活动强度和河岸土地利用类型所构成的河流栖息地评价指标体系。

河流健康评价方法可分为指示生物法和指标体系法。指示生物法主要根据生态系统中指示物种在外力胁迫作用下结构功能指标和数量的变化来表示生态系统的健康程度。指标体系法根据生态系统的特征和服务功能建立指标体系，采用数学方法确定其健康状况。在河流生态修复项目评估中，应根据评估尺度、数据采集等具体情况进行分析，综合考虑上述各种评估方法的优缺点，最终确定选用哪种评估方法，制定科学合理、符合中国国情的河流生物栖息地质量评估方法，促进河流生态修复工作的顺利开展。每一种河流健康的评价都会涉及大量的指标,取样方式与数据处理方式的不同都会影响评价结果的可比性。因此,需要加强评价方法的辅助研究,应用现代数学方法建立合理的评价模型,引入先进的数据处理方式处理数据、输出结果,为评价工作快速有效地进行提供可能性。

## 6.4 基于四大家鱼流量需求的河道生态流量研究

自1976年Tennant等推出Tennant法奠定了生态流量的研究基础后,国内外专家学者从生态流量的理论定义、计算方法、实践应用等多方面开展研究,美国大自然保护协会、《欧盟水框架指令》以及国内的水资源保护规划编制规程(SL613－2013)、河湖生态需水计算规范(SL712－2014)相继提出生态流量的相关理论并应用到水环境保护中[147-148]。2007年颁布的布里斯班宣言中提到了生态流量的定义,即维持河道及河口的自然生态系统和维持人类生存发展所依赖的生态系统所需要的水量、时间及水质,受到国内外专家学者的普遍认可[149]。随着研究的不断深入,以指示物种为目标的生态流量研究逐渐成为当前的研究热点。本节将因地制宜地选取指示物种及生态流量计算方法,最终确定信江下游研究区域段适宜生态流量的目标。

### 6.4.1 指示物种选取及习性分析

分析水生态系统在外界因素作用下水环境变化对生物群落的影响是实现水生态系统健康的基础。水环境监测指标在水生态系统的研究发展过程中逐渐从水文、水质过渡到反映水环境污染与退化过程的指示性物种行为上[150]。目前用于生物监测的类群主要有浮游植物、浮游动物以及鱼类。浮游植物构成了水生态系统食物网的重要基础,其群落结构分布、多样性指数及种类丰富度可反映环境的瞬时变化和短期效应。浮游动物是水生态系统中重要的组成部分,具有种类多、分布广、繁殖快、生命周期短等特点,是大多数水生生物和浮游生物的饵料,其种类和密度变化在一定程度上能反映水体受污染的程度及生产力的高低[151]。鱼类是水生态系统中的顶级群落,对水质条件、水温及水系分布的敏感性是其被用于水环境监测的理论基础。此外,鱼类具有运动能力强、寿命长的特点,可作为水生态系统中具有长期效应状态的指示物种。

指示物种作为反映水环境变化情况的生物体,通常分布广泛、易于量化且对环境变化高度敏感[152-153]。河流指示物种的选择广泛，浮游藻类、浮游动物、底栖动物等均被定为指示物种应用于反映水环境变化的研究中[154-156]。鱼类作为水生态系统中的顶级群落，在环境因子的影响下会产生相应的适应性变化，其中，以四大家鱼为代表的产漂流性卵鱼类在产卵期对流量变化极为敏感，因此常作为河流生态监测的指示物种[157-159]。

生物的出生、发育、生殖、死亡等生长时期构成其生命周期，处于不同生长时期的生物对河湖生态流量有着不同的要求，对生态流量的变化也会有相应的具有指示效应的物种行为。研究表明，江水涨落的洪峰过程与水温变化刺激了以四大家鱼为代表的产漂流性卵鱼类的排卵受精活动，其产卵量与持续涨水时间及涨水幅度成正比。产漂流性卵鱼类依靠上游区高流量脉冲或洪水刺激性腺发育，四大家鱼产卵过程就是由低流量事件及高流量脉冲事件组成。此外，其产卵过程也与水温相关，适宜的水温是鱼类精卵生长和性腺发育的必要条件，鱼类的产卵行为对河流水温是否处于合理状态具有良好的指示效应。国内学者以此为依据探究生态调度对长江中游四大家鱼繁殖的影响，并确定了影响鱼类产卵的主要水文因子指标的量化范围。通过对生长环境的长期适应，各类生物均有自己特定的繁殖季节以及指示生态流量的物种行为。

鱼类在对环境条件长期适应的过程中有其特定的繁殖季节，在内源繁殖周期及外源环境刺激的同步反应下便可在特定季节开始产卵[160]。四大家鱼产卵过程主要的环境因素包括水温及流量，产卵过程如图 6.9 所示。作为鱼类产卵的信号因子，四大家鱼在产卵期一般均要求 18 ℃以上的水温，适宜的水温是四大家鱼性腺发育及精卵生长的重要条件。此外，水流条件是刺激四大家鱼性腺发育成熟的关键因素，性腺发育Ⅳ期的四大家鱼，在接收到水温的刺激信号后洄游至产卵场，在高流量脉冲及洪水等水流事件的刺激下完成性腺发育并开始产卵[161]。该习性特征将作为生态流量计算及评估的重要依据。

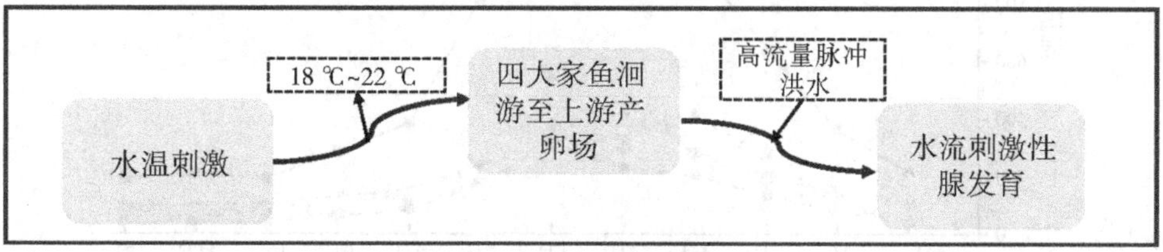


**图 6.9　四大家鱼产卵习性**

四大家鱼是信江下游研究区域江段重要的洄游性经济鱼类，水利枢纽的建设造成工程阻隔及产卵场淹没对其资源量具有较大影响，因此选取四大家鱼作为指示物种，研究维持其繁殖发育环境的信江下游适宜生态流量对当地水利枢纽建设的生态补偿具有重要意义。

## 6.4.2 计算结果分析及验证

Tennant 法提出了基流量的概念，计算年平均流量的百分比，通过分析美国河流断面数据与物种、环境与流量之间的影响规律，定义了河道流量与水生态系统健康的关系，如表 6.7 所示。

**表 6.7 河流流量状况分级评价表**

| 水生态系统健康状况 | 推荐基流（平均流量百分比） | |
|---|---|---|
| | 一般用水期 | 鱼类产卵育幼期 |
| 最大 | 200 | 200 |
| 最佳流量 | 60 ~ 100 | 60 ~ 100 |
| 极好 | 40 | 60 |
| 非常好 | 30 | 50 |
| 好 | 20 | 40 |
| 一般 | 10 | 30 |
| 差或最小 | 10 | 10 |
| 极差 | 0 ~ 10 | 0 ~ 10 |

通过五种水文学法分别计算信江下游生态流量，利用 Tennant 法对五种水文学法计算的生态流量进行对比分析，同时根据指示物种的选取及当地实际情况将鱼类产卵育幼期定为 3—6 月份，将一般用水期定为 7 月—次年 3 月。

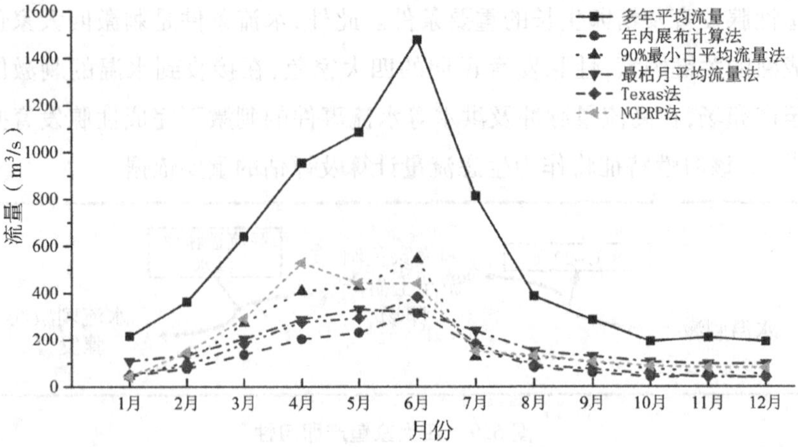


**图 6.10 生态流量计算图**

由表6.8可得年内展布计算法计算的各月生态流量占多年月平均流量的21.29%，其余四种方法计算得到的生态流量占多年月平均流量的变化范围分别为：15.83% ~42.80%、21.57% ~54.76%、19.95% ~28.85%、18.63% ~55.25%。Texas法计算得到的生态流量占比变化范围最小，NGPRP法计算得到的生态流量占比变化范围最大。根据Tennant法的评价标准对各类方法计算结果进行评价可得：

（1）除90%最小日平均流量法计算的7月份生态流量、Texas法计算的11月份生态流量、NGPRP法计算的7月份生态流量的多年平均流量占比低于20%外，其余生态流量计算结果流量占比均高于20%，满足一般用水期水生态系统的健康需要。

（2）最枯月平均流量法除6、7月份外，其他月份计算得到的生态流量占多年月均流量比例均超过30%，在一般用水期中能满足水生态系统的健康需求，但在鱼类产卵育幼期仍处于一般的标准。

（3）NGPRP法计算得到的生态流量在鱼类产卵育幼期中评价效果最好，除6月份外其余三个月计算得到的多年月均流量占比均超过40%，达到“好”以上的标准，该方法计算得到的生态流量能较好地满足河道四大家鱼的生存需求。结合各类方法计算结果及四大家鱼产卵期对生态流量的需求，拟定八字嘴航电枢纽河段适宜生态流量及变化范围，如表6.9所示。

## 6.5 河湖生态需水量研究展望

对于河湖生态需水量的研究仍处于逐步深化的阶段[175]，其管理方面需要做到转变发展理念、规范相关指标。针对河湖生态需水量研究存在的主要问题，应该在总结实践经验的基础上对研究方法做进一步完善，未来河湖生态需水量的研究可以从以下几个方面展开：

（1）重视生物多样性因素，扩大指示性物种选择范围

同其他种群相比，鱼类在水生态系统中有着独特的位置。作为水生态系统中的顶级群落，鱼类在环境因子的影响下会产生各种适应环境的变化，因此常被作为水生态系统中稳定的指示物。但仅研究鱼类生长环境及群落结构并不能保证水生态系统中其他物种的繁殖发育。因此，未来的研究应逐步扩大指示性物种的种类及数量。随着研究进展的深入，底栖动物、浮游植物、浮游动物、

高等水生植物等逐渐被研究人员纳入指示性物种的研究范围[163]，调查更多物种对于水生态系统的指示作用，保障生物多样性将是未来研究努力的目标与方向。

(2)增加生态水文因子的选择，完善水文情势分析评价指标体系

生态水文指标体系的发展历程主要包括水文改变指标、变化范围与环境流量成分三个部分[164-165]。水文因子除目前主要研究的流量、水质外，还包括水位、水温、降水量等，各种水文因子的变化均会对水生态系统产生显著影响。如地表水位及地下水位的变化影响大型底栖动物的群落分布及物种丰富度[166]，水体温度限制了浮游藻类的生长发育。因此，逐步扩大具有指示意义的生态水文因子的选择范围，提高研究的广泛性与可行性是未来河湖需水量研究非常有意义的课题。

(3)考虑外部因子的综合影响

针对各类物种所需生态流量的研究应广泛应用生境模拟法，参数选择不仅要包括流量、水质等指标，还应该对地形地貌、水位、生物关系等多方面外部因素进行综合分析。另外，对于河湖生态流量的研究不仅要关注生物繁殖行为对水文、水动力的需求，同时还应该研究其生长发育所需的生态流量，保证物种在整个生命周期正常发育与繁殖。目前专家学者也在逐步向这一方面迈进，尝试运用各类数学及物理模型对水利枢纽调度进行模拟并寻求优化的生态调度方案，但大部分的研究还仅仅将各类调度目标进行简单结合计算，对于各因子之间的叠加效应考虑还不完善，这也将是未来研究发展的方向。

## 6.6 本章小结

本章在已建立的水动力模型基础上模拟了信江下游界牌枢纽至八字嘴枢纽河段产卵场长时间序列流量过程，通过 IHA 水文指标软件计算了梅港水文站及产卵场断面在枢纽建设前后的流量变化过程，结合水文学方法及四大家鱼产卵习性分析计算了信江下游河道生态流量，为后续生态调度目标的确定及方案设计奠定基础。主要结论如下：

(1)枢纽建设后梅港水文站 3、4、5 月份月均流量有所下降，流量整体区域平均，低流量脉冲数量及历时、高流量脉冲数量均有一定程度下降，流量逆转次数明显增加，表明枢纽运行人为增加了河道流量的逆转频率，造成河道内生态

系统不稳定的现象。

(2)枢纽建设后信江下游产卵场断面流量在四大家鱼产卵的关键期3、4、5月份均有所下降,影响其产卵条件。高流量脉冲数量下降弱化了四大家鱼产卵的刺激性信号,逆转次数发生中度改变,表明枢纽建设运行影响了四大家鱼的正常生命活动。

(3)生态流量计算中,对比多年平均流量,Texas法计算结果占比变化范围最小为19.95%~28.85%,NGPRP法计算结果占比变化范围最大为18.63%~55.25%,得到的生态流量在鱼类产卵育幼期中评价效果最好。综合水文学计算方法及四大家鱼对流量的需求得到适宜生态流量及上下限范围。

表6.8 生态流量计算表($m^3/s$)

| | 多年平均流量 | 年内展布计算法 | 流量占比 | 90%最小日平均流量法 | 流量占比 | 最枯月平均流量法 | 流量占比 | Texas法 | 流量占比 | NGPRP法 | 流量占比 |
|---|---|---|---|---|---|---|---|---|---|---|---|
| 1月 | 214.70 | 45.70 | 21.29 | 46.58 | 21.70 | 108.83 | 50.69 | 48.98 | 22.81 | 43.10 | 20.07 |
| 2月 | 363.16 | 77.30 | 21.29 | 103.94 | 28.62 | 134.05 | 36.91 | 91.37 | 25.16 | 146.63 | 40.38 |
| 3月 | 640.15 | 136.26 | 21.29 | 272.11 | 42.51 | 203.97 | 31.86 | 182.77 | 28.55 | 291.60 | 45.55 |
| 4月 | 954.57 | 203.18 | 21.29 | 408.57 | 42.80 | 288.33 | 30.21 | 275.37 | 28.85 | 527.43 | 55.25 |
| 5月 | 1084.49 | 230.84 | 21.29 | 429.06 | 39.56 | 332.21 | 30.63 | 292.63 | 26.98 | 441.25 | 40.69 |
| 6月 | 1477.73 | 314.54 | 21.29 | 544.28 | 36.83 | 318.69 | 21.57 | 384.02 | 25.99 | 441.16 | 29.85 |
| 7月 | 812.41 | 172.92 | 21.29 | 128.61 | 15.83 | 239.13 | 29.43 | 183.01 | 22.53 | 151.35 | 18.63 |
| 8月 | 386.19 | 82.20 | 21.29 | 129.03 | 33.41 | 151.78 | 39.30 | 91.70 | 23.74 | 132.75 | 34.37 |
| 9月 | 285.08 | 60.68 | 21.29 | 103.55 | 36.32 | 129.32 | 45.36 | 74.53 | 26.14 | 105.30 | 36.94 |
| 10月 | 193.17 | 41.12 | 21.29 | 75.32 | 38.99 | 105.77 | 54.76 | 53.06 | 27.47 | 88.08 | 45.60 |
| 11月 | 209.94 | 44.69 | 21.29 | 63.56 | 30.28 | 97.39 | 46.39 | 41.89 | 19.95 | 81.58 | 38.86 |
| 12月 | 192.09 | 40.89 | 21.29 | 53.63 | 27.92 | 98.13 | 51.08 | 39.91 | 20.77 | 80.08 | 41.69 |

表6.9 信江生态流量表($m^3/s$)

| | 1月 | 2月 | 3月 | 4月 | 5月 | 6月 | 7月 | 8月 | 9月 | 10月 | 11月 | 12月 |
|---|---|---|---|---|---|---|---|---|---|---|---|---|
| 生态流量 | 128.44 | 238.46 | 488.04 | 594.08 | 676.02 | 761.99 | 556.21 | 398.38 | 323.16 | 213.75 | 257.81 | 186.25 |
| 生态流量上限 | 332.48 | 512.96 | 683.84 | 709.20 | 780.80 | 895.00 | 769.60 | 429.92 | 355.20 | 242.48 | 315.52 | 285.60 |
| 生态流量下限 | 103.67 | 138.78 | 329.08 | 343.63 | 455.85 | 685.66 | 400.30 | 372.26 | 293.74 | 191.53 | 177.51 | 136.95 |

# 7 八字嘴航电枢纽多目标优化调度研究

本章节以改善信江下游生态环境为总目标，研究八字嘴枢纽优化调度方案。研究包括确定生态保护目标，建立八字嘴航电枢纽生态调度模型，引入遗传算法求解，以不同典型年来水进行模拟调度，得出不同调度方案的计算结果，分析丰水年、平水年及枯水年来水情况下的优化调度方案。

## 7.1 生态流量计算方法

目前生态流量的计算方法主要分为水文学法、水力学法、栖息地法及整体分析法，各类方法的分析比较见表 7.1。其中，水文学法是根据多年流量数据资料推求生态流量，在缺乏实地生境调研的地区应用较为广泛。本次研究选取五项常见的生态流量计算方法计算信江下游河道生态流量，应用 Tennant 法中栖息地质量与流量的关系标准对五种方法的计算结果进行检验，最后根据当地四大家鱼产卵流量需求加入流量脉冲因素对计算结果进行调整，最终获得研究区域适宜生态流量及变化范围。

表 7.1 生态流量计算表

| 方法类型 | 代表方法 | 生态评价基础 | 优点 | 缺点 |
| --- | --- | --- | --- | --- |
| 水文学法 | Tennant 法、Texas 法、最枯月流量法、NGPRP 法 | 天然流量与生态系统的关系 | 快速简单 | 考虑指标有限，无法反映生境资料 |
| 水力学法 | 湿周法、R2Cross 法 | 河道湿周与流量的关系 | 应用简便，数据量小 | 需要现场数据，且无法体现河流季节性变化 |
| 栖息地法 | IFIM 法 | 栖息地面积与流量的关系 | 方法全面，考虑多项指标 | 操作复杂，计算过程烦琐 |
| 整体分析法 | | 天然流量与生态系统整体性的关系 | 考虑了生态系统多方面因素 | 资源消耗大 |

(1)年内展布计算法

年内展布计算法选取研究区域径流过程计算同期均值比,结合多年月均流量计算生态流量,改善以往的计算方法以特定比例计算生态流量的不足[167]。该方法具体计算公式如下:

$$\bar{Q} = \frac{1}{12}\sum_{i=1}^{12}\overline{q_i}$$

其中:$\overline{q_i} = \frac{1}{n}\sum_{j=1}^{n} q_{ij}$。

$$\overline{Q_{\min}} = \frac{1}{12}\sum_{i=1}^{12} q_{\min(i)}$$

其中:$q_{\min(i)} = \min(q_{ij}), j = 1, 2, \cdots, n$。

式中:$\bar{Q}$ 为多年年均径流量;$Q_{\min}$ 为最小年均径流量;$\overline{q_i}$ 为第 $i$ 个月的多年月均径流量($m^3/s$);$q_{\min(i)}$ 为第 $i$ 个月的多年最小月均流量($m^3/s$);$q_{ij}$ 为第 $j$ 年第 $i$ 个月的月均流量值($m^3/s$);$n$ 为统计年数。

计算同期均值比 $\eta$:

$$\eta = \overline{Q_{\min}} / \bar{Q}$$

计算各月生态流量 $Q_i$:

$$Q_i = \overline{q_i} \times \eta$$

(2)90%最小日平均流量法

采用90%保证率下的月平均流量作为生态基流。从多年径流资料中选取各月份最低日流量,利用流量频率曲线得到90%频率下的流量取值作为每月的生态基流量。

(3)最枯月平均流量法

最枯月平均流量法计算简洁,在长序列水文数据中选取最枯月实测流量数据的平均值作为河流的生态基流量。参考以往研究经验,取近十年每一月份的最枯月均流量值作为研究区域该月的生态基流量[168]。

(4)Texas 法

Texas 法是对多年水文数据中各月平均流量的频率进行分析,通过流量频率曲线选取50%保证率下月流量值的特定百分率作为生态基流量[169],参考过往研究经验,特定百分率取30%[170]。

(5)NGPRP 法

NGPRP 法利用距平公式将水文年分为枯水年、平水年及丰水年三组年份，取平水年组 90% 保证率下的流量作为生态基流，典型年组计算公式如下：

$$E = \frac{Q_i - Q_a}{Q_a} \times 100\%$$

式中：$E$ 为流量的距平百分比(%)；$Q_i$ 为第 $i$ 年的平均流量($m^3/s$)；$Q_a$ 为多年平均流量($m^3/s$)。取 $E \leq 20\%$ 的年份为枯水年；$E > 20\%$ 的年份为丰水年；其余年份为平水年。

## 7.2 枢纽生态调度模型构建

水利枢纽生态调度协调生态与水利枢纽其他功能的关系，在满足人类对水资源基本需求的同时尽可能降低枢纽对河道区域内生态系统的影响。信江下游八字嘴枢纽分为东大河虎山咀枢纽和西大河貊皮岭枢纽，考虑枢纽综合效益要求，以发电效益和生态效益为目标函数，以水量平衡和航运水位要求为约束条件构建生态调度模型，对比不同模型求解结果，定量分析经济和生态效益的互馈关系，设计八字嘴枢纽不同典型年份下的优化调度方案。

### 7.2.1 模拟方案设定

综合考虑信江下游河道生态环境需要，建立八字嘴枢纽多目标调控模型，模型基于经济效益(发电量最大)和生态效益(生态改变度最小)两项目标采用三个目标函数：(Ⅰ)枢纽发电量最大；(Ⅱ)生态改变度最小；(Ⅲ)综合效益最高。模型Ⅰ与模型Ⅱ为单目标优化模型，模型Ⅲ引入多项目标，采取权重法处理目标函数，结合 MATLAB 平台，应用遗传算法求解三组模型，得出最优调度方案。

### 7.2.2 目标函数设定

(1)目标函数Ⅰ：发电量，考虑信江八字嘴枢纽实际运行情况及各项功能，在经济效益方面以八字嘴枢纽发电量最大为优化目标：

$$\mathrm{Max}F = \max \sum_{t=1}^{T} E(t) = \sum_{i=1}^{N} \sum_{t=1}^{T} D(i,t) = \sum_{i=1}^{N} \sum_{t=1}^{T} N_{i,t} \Delta t = \sum_{i=1}^{N} \sum_{t=1}^{T} K_i Q_{i,t}^{E} H_{i,t} \Delta t$$

式中：$F$ 为八字嘴枢纽总发电量；$E(t)$ 为 $t$ 时段枢纽总发电量；$D(i,t)$ 为第 $i$

座枢纽在 $t$ 时段的发电量；$N_{i,t}$ 为第 $i$ 座枢纽在 $t$ 时段的发电出力；$Q_{i,t}^{E}$ 为第 $i$ 座枢纽在 $t$ 时段的发电流量；$H_{i,t}$ 为第 $i$ 座枢纽在 $t$ 时段的平均水头。

(2)目标函数Ⅱ：生态改变度，为满足研究区域生态流量需求，通过枢纽调度使研究区域内产卵场处断面流量与适宜生态流量的差异量化为八字嘴枢纽调度的生态效益，距离采用兰氏距离公式计算：

$$
D_t=\begin{cases}\dfrac{|Q_1^{\omega}-Q_t^{e}|}{Q_t^{e}+Q_1^{\omega}}, & Q_t^{e}<Q_1^{\omega}\\[2mm] 0, & Q_1^{\omega}\leqslant Q_t^{e}\leqslant Q_1^{\omega}\\[2mm] \dfrac{|Q_2^{\omega}-Q_t^{e}|}{Q_t^{e}+Q_2^{\omega}}, & Q_t^{e}>Q_2^{\omega}\end{cases}
$$

式中：$D_t$ 为 $t$ 时段枢纽下泄流量与适宜生态流量的距离；$Q_t^{e}$ 为枢纽实际下泄流量；$Q_1^{\omega}$ 为适宜生态流量下限；$Q_2^{\omega}$ 为适宜生态流量上限。

(3)目标函数Ⅲ：选取

$$
\begin{aligned}
B(i,t)&=\max(\beta_1 F_1(i,t)-\beta_2 E_2(i,t))\\
&=\max\left(\beta_1\sum_{i=1}^{N}\sum_{t=1}^{T}K_i Q_{i,t}^{E} H_{i,t}\Delta t-\beta_2\frac{1}{T}\sum_{t=1}^{T}D_t\right)
\end{aligned}
$$

式中：$B(i,t)$ 为目标函数Ⅰ与目标函数Ⅱ的综合效益，通过系数 $\beta_1$ 与 $\beta_2$ 综合分配两项目标函数权重，最终计算得到基于发电量与生态改变度的枢纽调度综合效益。

### 7.2.3 约束条件设定

八字嘴枢纽调度中，包含水量平衡、水位约束等七项约束条件的具体公式如下：

(1)水量平衡约束：

$$
V_{i,(t+\Delta t)}=V_{i,(t)}+[Q_{i,l(t)}-Q_{i,o(t)}]\Delta t
$$

式中：$V_{i,(t+\Delta t)}$ 与 $V_{i,(t)}$ 分别表示第 $i$ 个枢纽在 $t+\Delta t$ 与 $t$ 时段库容(万 $m^3$)；$Q_{i,l(t)}$ 与 $Q_{i,o(t)}$ 分别表示第 $i$ 个枢纽在 $t$ 时段的入库及出库流量($m^3/s$)。

(2)枢纽下泄流量约束：

$$
Q_{\min(i,t)}\leqslant Q_{(i,t)}\leqslant Q_{\max(i,t)}
$$

式中：$Q_{(i,t)}$ 表示第 $i$ 个枢纽在 $t$ 时段下泄流量($m^3/s$)；$Q_{\max(i,t)}$ 与 $Q_{\min(i,t)}$ 分别表示第 $i$ 个枢纽在 $t$ 时段下泄流量的上下限值($m^3/s$)。

(3)水库水位控制:

$$Z_{\min(i,t)} \leqslant Z_{(i,t)} \leqslant Z_{\max(i,t)}$$

式中:$Z_{(i,t)}$表示第$i$个枢纽在$t$时段的水位(m);$Z_{\max(i,t)}$与$Z_{\min(i,t)}$分别表示第$i$个枢纽在$t$时段水位的上下限值(m)。

(4)水电站出力限制:

$$N_{\min(i,t)} \leqslant N_{(i,t)} \leqslant N_{\max(i,t)}$$

式中:$N_{(i,t)}$表示第$i$个枢纽在$t$时段的发电出力(万 kW);$N_{\max(i,t)}$与$N_{\min(i,t)}$分别表示第$i$个枢纽在$t$时段发电出力的上下限值(万 kW)。

(5)发电流量限制:

$$Q_{F\min(i,t)} \leqslant Q_{F(i,t)} \leqslant Q_{F\max(i,t)}$$

式中:$Q_{F(i,t)}$表示第$i$个枢纽在$t$时段的发电流量($m^3/s$);$Q_{F\max(i,t)}$与$Q_{F\min(i,t)}$分别表示$i$个枢纽在$t$时段发电流量的上下限值($m^3/s$)。

(6)最小航运流量限制:

$$Q_i \leqslant Q_{(i,t)}$$

式中:$Q_i$表示第$i$个枢纽必须满足的最小航运流量($m^3/s$)。

(7)非负条件约束:保证所有变量均为正值。

### 7.2.4 约束条件说明

针对模型计算求解的各项约束处理规则如下:

(1)当枢纽上游水位超过上限水位时,设置上限水位为该时段水位,按照水量平衡公式重新计算枢纽下泄流量;

(2)当枢纽上游水位低于下限水位时,设置下限水位为该时段水位,按照水量平衡公式重新计算枢纽下泄流量;

(3)当枢纽下泄流量大于最大下泄流量时,设置最大下泄流量为该时段下泄流量并重新按照水量平衡公式计算相应水位;

(4)当枢纽下泄流量小于最小下泄流量时,设置最小下泄流量为该时段下泄流量并重新按照水量平衡公式计算相应水位;

(5)当发电出力超出发电出力上限值时,设置最大出力为该时段发电出力,根据发电出力重新计算引用流量,其余下泄流量作为弃水。

## 7.3 生态调度模型求解

水库生态调度问题是以时间为划分标准的多阶段性决策过程，本质上属于优化算法问题。传统优化方法经过几十年的应用暴露出计算复杂、耗时长、“维数灾”等局限性问题[171]。随着人工智能、计算机算法等技术的发展，各种智能优化算法逐渐引入到水库生态调度研究中，成为该研究领域的热点[172]。

### 7.3.1 模型参数设置

本次研究模型采用实数编码法进行编码，适应度函数分别选取三个模型的目标函数，算法参数选择如下：种群大小设定为 20；终止代数设定为 300；选择概率 $Ps$ 设定为 0.6；交叉概率设定为 0.75；变异概率设定为 0.01。

### 7.3.2 典型年入库流量过程确定

对 1956—2020 年梅港站年平均流量进行频率计算，选择丰水年 1977 年、平水年 1987 年以及枯水年 2011 年流量进行分析，根据所选典型年实测数据，入库流量过程见表 7.2。

表 7.2 典型年入库流量过程表($m^3/s$)

| | | 1 月 | 2 月 | 3 月 | 4 月 | 5 月 | 6 月 | 7 月 | 8 月 | 9 月 | 10 月 | 11 月 | 12 月 |
|---|---|---|---|---|---|---|---|---|---|---|---|---|---|
| 枯水年 | 2011 | 180 | 171 | 288 | 339 | 405 | 1964 | 440 | 323 | 265 | 197 | 216 | 155 |
| 平水年 | 1987 | 67 | 81 | 714 | 1207 | 1128 | 956 | 442 | 189 | 311 | 303 | 469 | 234 |
| 丰水年 | 1977 | 271 | 295 | 235 | 1378 | 1778 | 2431 | 505 | 465 | 246 | 174 | 86 | 120 |

## 7.4 典型年目标函数关系分析

基于信江流域典型年水文资料，以月为计算单位，利用改进遗传算法求解八字嘴枢纽多目标生态调度模型，得到各典型年非劣解集，对所有非劣解集进行统计分析得出各典型年中目标函数的对应关系。

### 7.4.1 枯水年目标函数关系分析

选取 $P=75\%$ 频率下的径流量对应年份为枯水年，该年份月均流量为 412

$m^3/s$。统计该时期非劣质解集，其中发电量最小值为 3717 万 kW · h，最大值为 4465 万 kW · h；生态改变度最小值为 0.196，最大值为 0.245；综合效益最小值为 -29.59，最大值为 27.76。对该时期计算得到的非劣解集进行统计，以综合效益最大为目标选取每次迭代过程中产生的优质解绘制三维解集图，同时获取计算过程中所有非劣质解并绘制目标函数二维关系图。

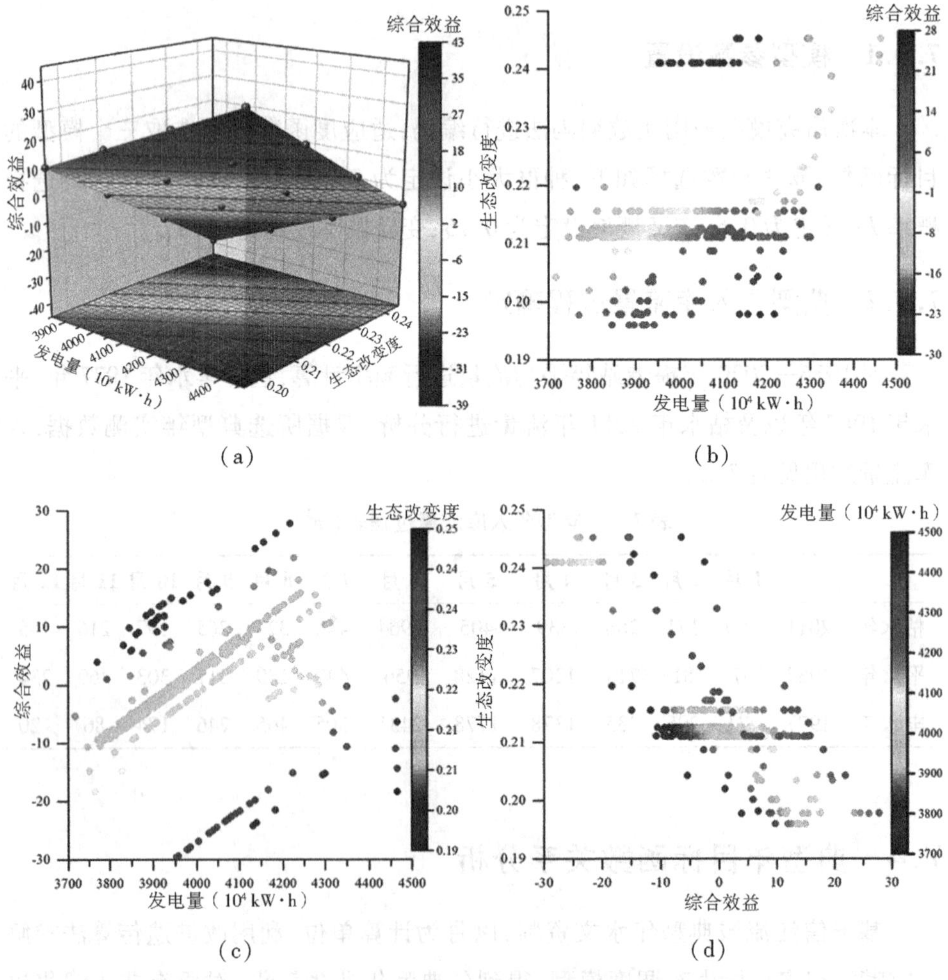


**图 7.1　枯水年非劣质解集图**

(a)优质解集三维图　(b)发电量—生态改变度二维解集图

(c)发电量—综合效益二维解集图　(d)综合效益—生态改变度二维解集图

如图 7.1 所示，在每次迭代所得的优质解集中，年发电量最小值为 3850 万

kW · h,最大值为4465 万 kW · h;生态改变度最小值为0.196,最大值为0.245;综合效益最小值为 -6.39,最大值为 27.76。在三个目标函数中,发电量越大,生态改变度越小,则产生的综合效益越高。从发电量与生态改变度关系图可知,随着发电量的增加,生态改变度的梯度逐渐提升,发电量最高对应生态改变度梯度最高;生态改变度整体集中在 0.21 ~ 0.22 之间,占比为 72%;从发电量与综合效益关系图中可知,在一定范围内综合效益随发电量的增加而提高,当发电量超过 4250 万 kW · h 时,生态改变度上升,综合效益随之降低;从综合效益与生态改变度关系图可知,生态改变度较低时综合效益普遍较高,主要集中在 -10 ~ 15 之间,占比为 87%,效益随着年发电量值的增大呈现先上升后下降的趋势。由于枯水期来水量较少,发电量受枢纽下泄流量的影响较大,当下泄流量较小时,发电量较小;而当下泄流量不足以满足生态环境需求时,生态改变度值较大。随着下泄流量提高,发电量增加,相应生态流量满足度提升,生态改变度值下降,综合效益相应得到提高。当发电量达到一定值后,增加下泄流量对发电量有一定的提高,但流量提升至超过生态流量上限值后会导致生态改变度升高,同时相应的综合效益会有所下降。在枯水期非劣质解集中,发电量最高时的样本解集为(4465 万 kW · h,0.245,-6.39);生态改变度最低时的样本解集为(3942 万 kW · h,0.196,14.93);综合效益最高时的样本解集为(4218 万 kW · h,0.198,27.76)。由优质解三维解集图可得,在枯水年时期,三个目标函数之间相互影响、相互制约,无法同时达到最优值。

### 7.4.2 平水年目标函数关系分析

选取 $P=50\%$ 频率下的径流量对应年份为平水年,该年份月均流量为 508 $m^3/s$。统计该时期非劣质解集,其中发电量最小值为3650 万 kW · h,最大值为4883 万 kW · h;生态改变度最小值为 0.207,最大值为 0.267;综合效益最小值为 -36.37,最大值为 33.74。对该时期计算得到的非劣解集进行统计,以综合效益最大为目标选取每次迭代过程中产生的优质解绘制三维解集图,同时获取计算过程中所有非劣质解并绘制目标函数二维关系图。

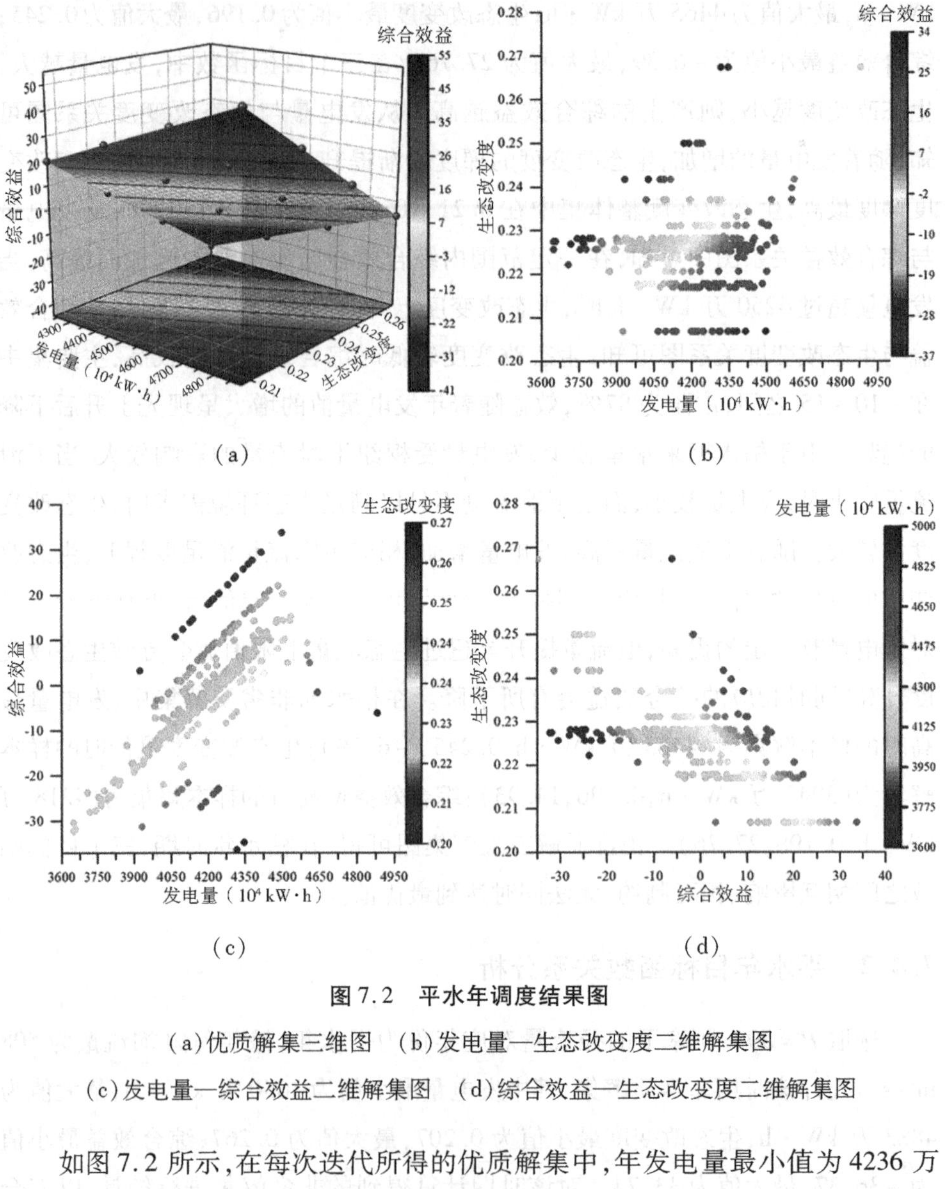


**图 7.2　平水年调度结果图**

(a)优质解集三维图　(b)发电量—生态改变度二维解集图

(c)发电量—综合效益二维解集图　(d)综合效益—生态改变度二维解集图

如图 7.2 所示，在每次迭代所得的优质解集中，年发电量最小值为 4236 万 kW · h，最大值为4883 万 kW · h；生态改变度最小值为 0. 207，最大值为 0. 267；综合效益最小值为 −6. 12，最大值为 33. 74。三个目标函数中，综合效益随发电量的增长、生态改变度的降低而提高。从发电量与生态改变度关系图可知，生态改变度在 0. 22 ~ 0. 23 之间涵盖的发电量范围最广，同时生态改变度在该范围占比为 72% 。随着发电量的增长，存在少数计算个体生态改变度增长，综合效益随之降低；由发电量与综合效益关系图可知，在同一生态改变度下，综合效益普遍随发电量的增长而提高；从综合效益与生态改变度关系图可知，生态改变度较低时综合效益普遍较高，主要集中在 -10 ~ 10 之间，占比为70%。在平水期非劣质解集中，发电量最高时的样本解集为（4883 万 kW · h，0. 267，-6. 12）；生态改变度最低与综合效益最高时的样本解集为（4497 万 kW · h，0. 207，33. 74）。由优质解三维解集图可得，平水年时期生态改变度与综合效益可同时达到最优化，但此样本中发电量不是最高值，三个目标函数无法同时达到最优值。

### 7.4.3 丰水年目标函数关系分析

选取 $P=25\%$ 频率下的径流量对应年份为丰水年，该年份月均流量为 665 $m^3/s$。统计该时期非劣质解集，其中发电量最小值为 3879 万 kW · h，最大值为 5324 万 kW · h；生态改变度最小值为 0. 235，最大值为 0. 271；综合效益最小值为 -35. 86，最大值为 37. 06。对该时期计算得到的非劣解集进行统计，以综合效益最大为目标选取每次迭代过程中产生的优质解绘制三维解集图，同时获取计算过程中所有非劣质解并绘制目标函数二维关系图。

如图 7. 3 所示，在每次迭代所得的优质解集中，年发电量最小值为 5324 万 kW · h，最大值为 4847 万 kW · h；生态改变度最小值为 0. 235，最大值为 0. 271；综合效益最小值为 4. 05，最大值为 37. 06。三个目标函数中，综合效益随发电量的增长、生态改变度的降低而提高。从发电量与生态改变度关系图可知，生态改变度主要分布于 0. 23 ~ 0. 25 之间，占比为 82%，随着发电量的增长，生态改变度梯度不断上升；从发电量与综合效益关系图可知，在同一生态改变度下，综合效益基本随发电量的增长而提高，在发电量超过 5100 万 kW · h 后，由于生态改变度的升高导致综合效益降低；从综合效益与生态改变度关系图可知，综合效益在各生态改变度梯度上涵盖范围都较广，整体随生态改变度的降低而升高。丰水期优质解集中发电量最高与生态改变度最高对应同一样本解集为（5324 万 kW · h，0. 271，13. 59）；生态改变度最低与综合效益最高对应同一样本解集为（5084 万 kW · h，0. 235，37. 06）。在丰水期优质解中，发电量最大对应了最大生态改变度，生态改变度最小对应了综合效益最大，但发电量无法实现最大化，三个目标函数无法同时达到最优值。

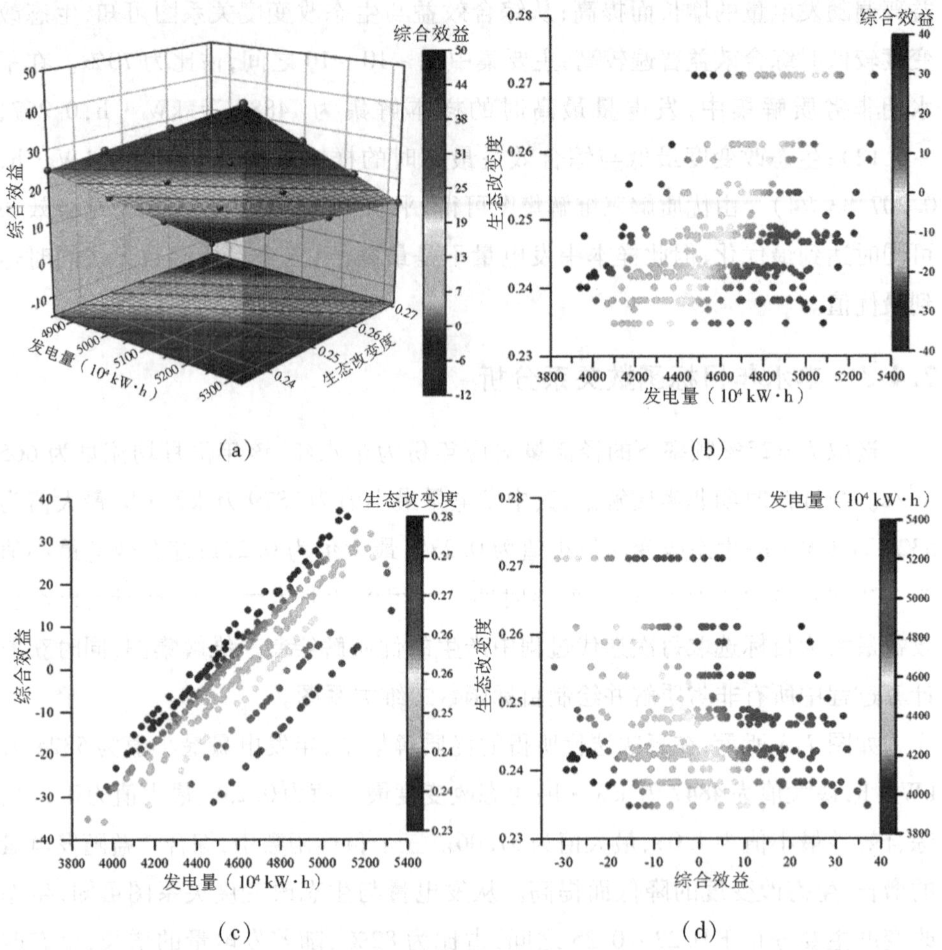


图 7.3　丰水年非劣质解集图

(a)优质解集三维图　(b)发电量—生态改变度二维解集图

(c)发电量—综合效益二维解集图　(d)综合效益—生态改变度二维解集图

## 7.5　典型年枢纽调度结果分析

根据典型年目标函数关系分析结果，选取不同典型年份下综合效益最高的计算结果样本对应的枢纽下泄流量为八字嘴枢纽生态调度方案，同时根据枢纽建设拟定调度方案要求计算得到典型年枢纽调度原方案，并对两个方案进行对比分析。

### 7.5.1 枯水年调度方案计算结果

绘制枯水年 2011 年八字嘴枢纽原调度方案及以综合效益最高为目标的生态调度方案下泄流量图：

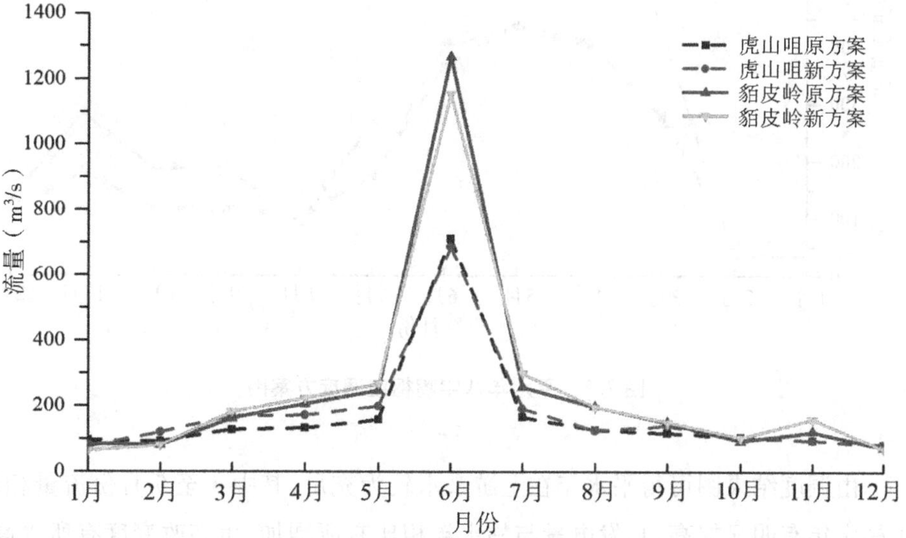


图 7.4　枯水年八字嘴枢纽调度方案图

由调度结果图可得枯水年在上游来水较少，整年仅有 6 月份出现高流量现象，总发电量在三年中最低。根据八字嘴枢纽拟定调度原则推算得到的枢纽调度原方案总发电量为 4435 万 kW · h，生态改变度为 0.215，综合效益为 22.17。通过遗传算法求解，以综合效益最高为目标得到的枢纽调度新方案总发电量为 4218 万 kW · h，生态改变度为 0.198，综合效益为 27.76。两个方案整体调度情况相似。其中貊皮岭枢纽新方案在 6 月下泄流量有所下降，7 月与 11 月有明显提升；虎山咀枢纽新方案主要提升了 2 至 5 月的下泄流量，提高当月对生态流量的满足度。枢纽调度新方案在发电量上对比原方案有所下降，但在生态改变度上有所改善，综合效益也有相应提高，整体效益高于原调度方案。

### 7.5.2 平水年调度方案计算结果

绘制平水年 1987 年八字嘴枢纽原调度方案及以综合效益最高为目标的生态调度方案下泄流量图：

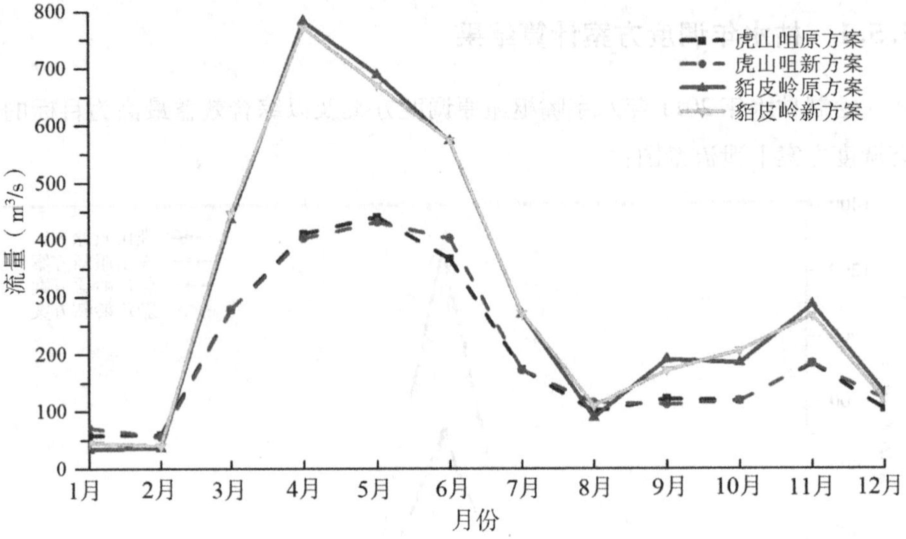


图 7.5　平水年八字嘴枢纽调度方案图

由调度结果图可得平水年在上游来水较为充足，其中 4 至 5 月份流量相比于枯水年有明显提高，总发电量与枯水年相比有所增加，生态改变度有所提高。根据八字嘴枢纽拟定调度原则推算得到的枢纽调度原方案总发电量为 4662 万 kW · h，生态改变度为 0.221，综合效益为 28.31。通过遗传算法求解，以综合效益最高为目标得到的枢纽调度新方案总发电量为 4497 万 kW · h，生态改变度为 0.207，综合效益为 33.74。两个方案中貊皮岭枢纽新方案在 5 月份下泄流量有所下降，虎山咀枢纽新方案在 6 月份下泄流量有所下降，主要是在生态流量满足的情况下通过降低下泄流量提高库容，从而在枯水期月份提高下泄流量，满足该时期生态流量的需求。平水年新方案较原方案发电量降低 3.5%，但综合效益提高 19%，整体效益高于原调度方案。

### 7.5.3　丰水年调度方案计算结果

绘制丰水年 1977 年八字嘴枢纽原调度方案及以综合效益最高为目标的生态调度方案下泄流量图：

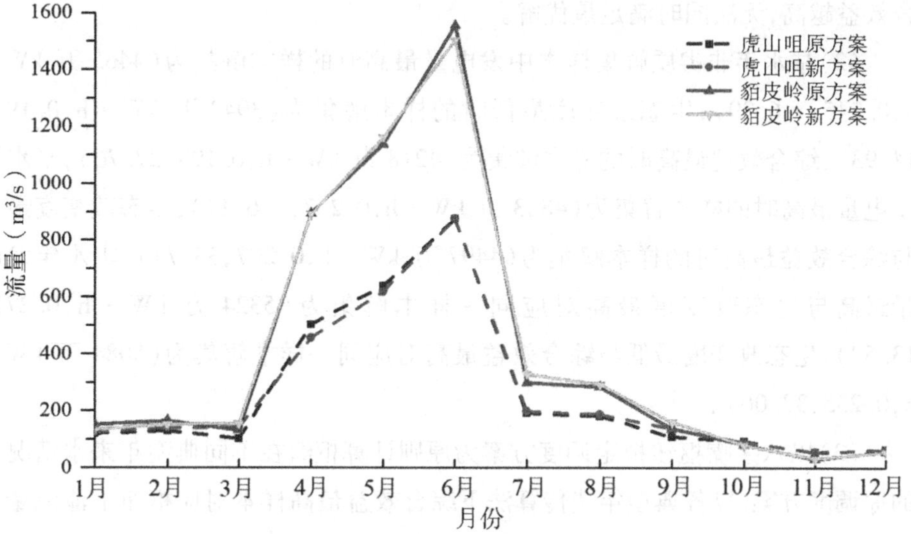


图 7.6　丰水年八字嘴枢纽调度方案图

由调度结果图可得丰水年上游来水充足，总发电量较高，生态改变度受水利枢纽调度的影响在三个典型年中表现最高。根据八字嘴枢纽拟定调度原则推算得到的枢纽调度原方案总发电量为 5303 万 kW·h，生态改变度为 0.256，综合效益为 27.58。通过遗传算法求解，以综合效益最高为目标得到的枢纽调度新方案总发电量为 5084 万 kW·h，生态改变度为 0.235，综合效益为 37.06。两个方案中貊皮岭枢纽新方案在 6 月份来水较高时降低部分下泄流量累计库容，在 7 月份来水流量下降时补充下泄流量以满足生态流量需求；虎山咀枢纽调度方案主要在 3、4 月份发生变化，枢纽在 3 月份为保证生态流量需求提高下泄流量，同时在 4 月份来水量较高时降低部分下泄流量维持库容。丰水年情况下枢纽新调度方案较原方案综合效益有明显提高。

## 7.6　本章小结

本章通过流量频率曲线选取典型年份，以典型年份流量数据作为入库流量数据，以发电量最大、生态改变度最小以及综合效益最高为目标函数设计信江下游生态调度方案，主要结论如下：

(1) 八字嘴航电枢纽生态调度设计方案采用月为计算时段，通过典型年算法优质解得出三个目标函数相互制约。当发电量越高，生态改变度越低时，综合效益越高,无法同时满足最优解。

(2)枯水年非劣质解集样本中发电量最高时的样本解集为(4465 万 kW·h,0.245,-6.39);生态改变度最低时的样本解集为(3942 万 kW·h,0.196,14.93);综合效益最高时的样本解集为(4218 万 kW·h,0.198,27.76);平水年发电量最高时的样本解集为(4883 万 kW·h,0.267,-6.12);生态改变度最低与综合效益最高时的样本解集为(4497 万 kW·h,0.207,33.74);丰水年发电量最高与生态改变度最高对应同一样本解集为(5324 万 kW·h,0.271,13.59);生态改变度最低与综合效益最高对应同一样本解集为(5084 万 kW·h,0.235,37.06)。

(3)以八字嘴枢纽拟定调度方案为原则计算枢纽在不同典型年来水情况下的原调度方案,以各典型年遗传算法下综合效益最高样本对应枢纽下泄流量为生态调度方案,计算得枯水年原方案总发电量为 4435 万 kW·h,生态改变度为 0.215,综合效益为 22.17;枢纽调度新方案总发电量为 4218 万 kW·h,生态改变度为 0.198,综合效益为 27.76;平水年原方案总发电量为 4662 万 kW·h,生态改变度为 0.221,综合效益为 28.31;通过遗传算法求解,新方案总发电量为 4497 万 kW·h,生态改变度为 0.207,综合效益为 33.74;丰水年原方案总发电量为 5303 万 kW·h,生态改变度为 0.256,综合效益为 27.58;通过遗传算法求解,新方案总发电量为 5084 万 kW·h,生态改变度为 0.235,综合效益为 37.06。

(4)以各典型年遗传算法下综合效益最高样本对应枢纽下泄流量为生态调度方案,对比枢纽原调度方案可得各典型年来水情况下,生态调度方案在发电量方面相比于原方案有所下降,但生态调度方案下的生态改变度及综合效益情况相比于原方案有所改善,整体效益有所提升。

# 8 结论与展望

## 8.1 结论

本书以信江下游为研究区域，以八字嘴航电枢纽为研究对象，选取典型年份并结合四大家鱼产卵习性完成水动力特性分析；结合 IHA 生态水文指标完成信江下游梅港水文站及产卵场断面水文情势分析并计算基于四大家鱼繁殖需求的生态流量。根据计算结果，结合八字嘴航电枢纽服务功能构建枢纽多目标调度模型并应用遗传算法进行计算，最终分析得到八字嘴航电枢纽调度获得的经济－生态效益间的关系及典型年下枢纽综合效益最高的调度方式，为改善信江下游生态环境、降低枢纽建设对四大家鱼等水生生物的影响提供必要的技术服务。得到以下研究结论：

（1）枯水年中信江下游流量保持在低流量及以上，平水年及丰水年流量变化范围幅度较大，分别在 1 至 2 月份以及 12 月份出现极枯流量现象。典型年内无洪水现象发生。丰水年整体水资源总量最高，枯水年仅有 6 月份出现较高的流量脉冲现象。丰水年在四大家鱼产卵关键期流量最高，脉冲数量最多，有效促进了四大家鱼的产卵行为。

（2）信江下游枢纽建设后梅港站及产卵场断面在四大家鱼产卵期月均流量均有所下降，整体流量趋于平均，产卵场断面高流量脉冲数量下降 20%，弱化了四大家鱼的产卵信号。生态流量计算中，Texas 法月流量变化范围最小为 19.95% ~28.85%，NGPRP 法月流量变化范围最大为 18.63% ~55.25%，结合水文学法及四大家鱼产卵习性得到信江下游生态流量。

（3）八字嘴航电枢纽运行调度的发电量及造成的生态改变度两类目标函数存在竞争关系，枯水年综合效益最高时的样本解集为（4218 万 kW · h，0.198，27.76），平水年综合效益最高时的样本解集为（4497 万 kW · h，0.207，33.74），丰水年综合效益最高时的样木解集为（5084 万 kW · h，0.235，37.06）。

（4）对比典型年中枢纽原拟定调度方案，其中枯水年根据综合效益最高得出的生态调度方案发电量降低 4.9%，生态改变度提高 7.9%，综合效益提高 25%；平水年生态调度方案发电量降低 3.5%，生态改变度提高 6.3%，综合效益提高 19%；丰水年生态调度方案发电量降低 4.1%，生态改变度提高 8.2%，综合效益提高 34%。生态调度方案整体效益优于原调度方案。

本书以信江中下游黄金埠镇西南部某河段内顺直分汊河道为研究对象，基于 MIKE21 进行情景模拟，探讨该分汊河道的水动力特性，洲头分汊角变化对水动力特性的影响以及该分汊河道河床演变特性，以期为该分汊河道的岸堤安全、航道整治提供理论基础。主要结论如下：

(1)低流量时，该分汊河道分流比对流量的变化十分敏感，随着流量增大，敏感程度下降，到后期即使流量增大，分流比也不再发生变化。在丰、平、枯水期不同平均流量工况中，左汊都是该分汊河道的主汊道。洲头分汊角对分流比的影响不大，不同洲头分汊角工况下的左汊分流比曲线基本重合，最大的分流比差为 0.03。

(2)在分流区，江心洲洲头及右边岸附近形成低流速滞留区，左汊口纵向流速梯度束窄明显；平均流速整体趋势呈现先增大后减少，但总体上较为平缓。在分流段，左右汊道过渡段凹岸流速最快；左汊过渡段下游流速逐步减少，但流速依然较快；右汊道以拦门沙坎为界，上下游流速跨度大；左右汊道平均流速起伏较大，十分不利于航运的安全运行。河道行洪要对该段进行重点治理，使流速平缓。在汇流区，流速依然较高，下游因为边滩挤压使得过水断面减少，流速进一步提高，要清除边滩，拓宽河道。

(3)在分流区，左汊口纵向水位梯度大；不同工况中分流区平均水位变化平缓。在分流段，左汊道平均水位逐渐下降，在流速较高的位置，下降最明显；右汊道由于拦门沙坎的壅水作用，上游水位变化较为平缓，拦门沙坎下游水位急速下降；左右汊道平均水位的落差很大，总体上分为上下两段，上游水位总体保持平稳，下游水位急速下降。在汇流区，水位先升高后下降。

(4)增大洲头分汊角，能改善分流区洲头附近低流速滞留区的面积和数量，但增大到 120°角时洲头附近滞留区的面积和数量增大。增大洲头分汊角，分流段左右汊道过渡段的河心高流速区域面积增大，过渡段低流速滞留区的面积和数量减少。洲头分汊角的变化对分流段左汊道下游水动力特性的影响不明显。

洲头分汊角的变化对分汊河道汇流区的流速基本无影响。

随着洲头分汊角的增大,分流区洲头对分汊口上游连接段水位的壅水作用增强,分流区的左右分汊口水位梯度增大。分汊角的变化对分流段下游的水位影响不大。

(5)分流区泥沙易于淤积,上下游的含沙量较低。由于流速较高,左汊道泥沙不易淤积,水流的含沙量梯度较低。拦门沙坎的壅水作用,使得右汊道上游含沙量梯度较大,下游含沙量梯度较低。汇流区左右汊道水流在汇合时无法很好地融合,汇流区水流产生较大的横向流速梯度。左汊道的泥沙含量大于右汊道,但随着流量的增大含沙量差值降低。

(6)分流区一些边岸突出以及河床较高的区域产生冲刷,分流区整体的河床更加平顺,左右两岸向河心收缩。左汊道过渡段冲刷较为严重,过渡段下游河床发生淤积,河床抬升,并随着流量增大河床演变情况加剧。右汊道拦门沙坎上游河床淤积,拦门沙坎下游河床发生冲刷,在一淤一冲的作用下,拦门沙坎有向上游移动的趋势。汇流区左右汇流口产生冲刷,汇流区边岸河床发生淤积。汇流口下游的右边滩淤积,向左岸延伸,河心河床发生冲刷,且随着流量增大河床演变更加明显。

## 8.2 展望

本书对河道水动力、分汊河道的发育演变、生态流量以及枢纽调度的理论与方法等做了初步探索,但在某些方面仍有待进一步提高,主要包括:

(1)在二维水动力模型构建时,对江心洲洲头设置固定的角度,方便控制,结论有一定的借鉴意义。但自然形成的江心洲洲头都是不规则的几何体,结论无法真正运用到自然的分汊河道研究中。因此,后续研究要针对不规则的洲头外形进行系统的分析,进一步分析洲头外形对分汊河道水动力特性的影响。

(2)在水文情势分析中根据四大家鱼繁殖习性挑选了相关的生态水文指标进行评估,后续研究可根据河流相关情况因地制宜地挑选多类指数物种进行综合分析,提高分析结果的物种兼容性。

(3)在八字嘴航电枢纽生态调度研究中虽选取了不同典型年下的入库流量进行分析研究,但典型年的选取方式无法保证不同季节或物种繁殖关键月份流量的丰、平、枯特征。在后续研究中可针对不同目标物种对流量需求的关键月份选取代表年份，进一步研究目标物种在流量需求关键期的枢纽调度方案设计。

(4)水利枢纽生态调度是一个复杂的系统工程，设计内容较多，未来研究可兼顾多项目标，协调各目标之间的矛盾，同时实施梯级枢纽联合调度，保障河流的可持续发展。

# 参 考 文 献

[1]潘明祥. 三峡水库生态调度目标研究[D]. 上海:东华大学,2011.

[2]高超. 澜沧江下游水库生态调度研究[D]. 西安:西安理工大学,2018.

[3]刘宁. 水基系统的概念内涵与演进研究[J]. 水科学进展,2005(4):475 -481.

[4]ROSENBERG D M, MCCULLY P, PRINGLE C M. Global-scale environmental effects of hydrological alterations: introduction[J]. Bioscience,2000,50(9):746 -751.

[5]MAO Z P, WANG Y C, PENG W Q, et al. Advances in effects of dams on river ecosystem[J]. Advances in water ence,2005,16(1):134 -140.

[6]KONDOLF G M. River restoration and meanders[J]. Ecology and society, 2006,11(2):1 -18.

[7]董哲仁. 试论生态水利工程的基本设计原则[J]. 水利学报,2004,35(10):1 -6.

[8]SYMPHORIAN G R, MADAMOMBE E. Dam operation for environmental water releases; the case of Osborne dam, save catchment, Zimbabwe[J]. Physics and chemistry of the earth, parts A/B/C,2003,28(20 -27):985 -993.

[9]程根伟,陈桂蓉. 试验三峡水库生态调度,促进长江水沙科学管理[J]. 水利学报,2007(A1):526 -530.

[10]熊小群,杨荣清. 江西水系[M]. 武汉:长江出版社,2007.

[11]张希. 鄱阳湖水系青鱼、草鱼、鲢、鳙形态度量学分析[D]. 南昌:南昌大学,2011.

[12]冻芳芳,刘沁薇,王淑梅,等. 基于 PCA-HUP 模型的洪水预报不确定性分析:以信江流域梅港站为例[J]. 人民长江,2021,52(4):22 -26.

[13]杨芬,高柏,葛勤,等. 信江流域地下水水化学特征及形成机制[J]. 科学技术与工程,2021,21(9):3505 -3512.

[14]邹秋宝,唐立模,陈界仁. 信江八字嘴枢纽坝下冲刷计算研究[J]. 水利水电技术,2018,49(9):155 - 161.

[15]计勇,白承荣,张洁,等. 鄱阳湖信江流域典型县域水资源承载力研究[J]. 江西师范大学学报(自然科学版),2014,38(6):656 - 660.

[16]梁友. 淮河水系河湖生态需水量研究[D]. 北京:清华大学,2008.

[17]梁鹏腾. 三峡水库生态调度及多目标风险分析研究[D]. 北京:华北电力大学,2017.

[18]刘晋泽,方红卫,府仁寿. 应用数学模型研究物理模型试验的变态率[J]. 水动力学研究与进展(A 辑),2005,20(2):131 - 145.

[19]叶群. 鄱阳湖水利枢纽调度对水体滞留时间及湖区用水影响分析[D]. 南昌:南昌工程学院,2019.

[20]朱思瑾. 基于长江中下游生态环境改善的三峡水库优化调度方案研究[D]. 武汉:武汉大学,2018.

[21]苗柱. 二维水沙数学模型在榕江航道整治中的应用研究[D]. 重庆:重庆交通大学,2010.

[22]李翀,廖文根,陈大庆,等. 三峡水库不同运用情景对四大家鱼繁殖水动力学影响[J]. 科技导报,2008(17):55 - 61.

[23]张贺新. 磨盘山水库水力及水质数值分析[D]. 哈尔滨:哈尔滨工业大学,2009.

[24]陈先朴,虞邦义. 流体力学数学模型及在治淮工程的应用前景[J]. 治淮,1987(4):24 - 25.

[25]韩明辉. 泥沙及河流动力学研究专题论文综述[J]. 长江科学院院报,1994(1):24 - 33.

[26]胡海明,赵良奎,杨国录. 一维泥沙数学模型的发展动向[J]. 水利电力科技,1995,22(1):33 - 40.

[27]张修忠,王光谦. 浅水流动及输运三维数学模型研究进展[J]. 水利学报,2002,33(7):1 - 7.

[28]STOKER J J. Numerical solution of flood wave and river regulation problems[J]. Proceedings of the American philosophical society, 1959, 103(4):548 - 553.

[29]麻夏,张洁,陈九灵,等. 峡江枢纽截流河道水力特性数值模拟[J]. 水利水运工程学报,2013(5):26－31.

[30]李云生,刘伟江,吴悦颖,等. 美国水质模型研究进展综述[J]. 水利水电技术,2006,37(2):68－73.

[31]OUGOLNITSKY G A,USOV A B. Water quality control in water courses[J]. Water resources,2003,30(2):226－232.

[32]袁雄燕,徐德龙. 丹麦 MIKE21 模型在桥渡壅水计算中的应用研究[J]. 人民长江,2006,37(4):31－32,52.

[33]郭凤清,屈寒飞,曾辉,等. 基于 MIKE21 FM 模型的蓄洪区洪水演进数值模拟[J]. 水电能源科学,2013,31(5):34－37.

[34]叶群,计勇,吴培军,等. 河滩湿地对河道洪水影响的二维数值模拟[J]. 中国农村水利水电,2020(6):36－39,45.

[35]陆仁强,何璐珂. 基于 Delft 3D 模型的近海水环境质量数值模拟研究[J]. 海洋环境科学,2012,31(6):877－880.

[36]栗苏文,李红艳,夏建新. 基于 Delft 3D 模型的大鹏湾水环境容量分析[J]. 环境科学研究,2005(5):91－95.

[37]姜恒志,沈永明,汪守东. 瓯江口三维潮流和盐度数值模拟研究[J]. 水动力学研究与进展(A 辑),2009,24(1):63－70.

[38]王翠,孙英兰,张学庆. 基于 EFDC 模型的胶州湾三维潮流数值模拟[J]. 中国海洋大学学报(自然科学版),2008(5):833－840.

[39]李岳生,杨世孝,肖子良. 网河不恒定流隐式方程组的稀疏矩阵解法[J]. 中山大学学报(自然科学版),1977(3):28－38.

[40]徐小明,张静怡,丁健,等. 河网水力数值模拟的松弛迭代法及水位的可视化显示[J]. 水文,2000,20(6):1－3.

[41]陈九灵,张洁,麻夏,等. 峡江水利枢纽大江截流施工方案数值模拟研究[J]. 人民长江,2013,44(24):42－44.

[42]李晓,唐洪武,王玲玲,等. 平原河网地区闸泵群联合调度水环境模拟[J]. 河海大学学报(自然科学版),2016,44(5):393－399.

[43]吴焱. 长江口南支下段扁担沙护滩工程整治效果分析[J]. 水运工程,2012(11):145－150.

[44]黄晨.长江口深水航道工程对盐水入侵的影响[J].水电能源科学,2019,37(3):29-32.

[45]连雷雷,张海波,左建,等.MIKE21在丹江口水库回水分析中的应用[J].水利水电快报,2018,39(10):5-7,23.

[46]宫雪亮,孙蓉,芦昌兴,等.基于MIKE21的南四湖上级湖水量水质响应模拟研究[J].中国农村水利水电,2019(1):70-76,82.

[47]谢亚力,黄世昌,王瑞锋,等.钱塘江河口围涂对杭州湾风暴潮影响数值模拟[J].海洋工程,2007(3):61-67.

[48]王卫远,何倩倩,杨娟.杭州湾海域50年一遇波浪数值模拟研究[J].海洋学研究,2013,31(4):44-48.

[49]史常乐.鄱阳湖及五河尾闾二维水动力数学模型的建立与验证[C]//第二十七届全国水动力学研讨会文集:下册.南京,2015.

[50]黄明红,吴建辉,吴志龙,等.信江界牌枢纽船闸改建方案[J].水运工程,2019(7):184-187,216.

[51]林玉茹.鄱阳湖水流特性与水环境特征研究[D].武汉:武汉大学,2014.

[52]徐昕,陈青生,董壮,等.流域生态健康预测分析模型:以信江流域生态健康预测为例[C]//第二十七届全国水动力学研讨会文集:下册.南京,2015.

[53]戚蓝,徐彭强,杨波.基于原始河道分流比下的导流明渠的设计论证[J].水力发电,2019,45(11):67-73,100.

[54]KUIPER J J,JANSE J H,TEURLINCX S,et al. The impact of river regulation on the biodiversity intactness of floodplain wetlands[J]. Wetlands ecology and management,2014,22(6):647-658.

[55]POFF N L R,ALLAN J D,BAIN M B. The natural flow regime[J]. Bioscience,1997,47(11):769-784.

[56]OLDEN J D,POFF N L. Redundancy and the choice of hydrologic indices for characterizing streamflow regimes[J]. River research and applications,2003,19(2):101-121.

[57]RICHTER B D,BAUMGARTNER J V,POWELL J,et al. A method for assessing hydrologic alteration within ecosystems[J]. Conservation biology,1996,10

(4):1163 - 1174.

[58]MAINGI J K,MARSH S E. Quantifying hydrologic impacts following dam construction along the Tana River,Kenya[J]. Journal of arid environments,2002,50(1):53 - 79.

[59]YANG Y C E,CAI X,HERRICKS E E. Identification of hydrologic indicators related to fish diversity and abundance: a data mining approach for fish community analysis[J]. Water resources research,2008,44(4):472 - 479.

[60] MOHAMMED R, SCHOLZ M, ZOUNEMAT-KERMANI M. Temporal hydrologic alterations coupled with climate variability and drought for transboundary river basins[J]. Water resources management,2017,31(5):1489 - 1502.

[61]程俊翔,徐力刚,姜加虎. 水文改变指标体系在生态水文研究中的应用综述[J]. 水资源保护,2018,34(6):24 - 32.

[62]ZHANG Q,ZHANG Z J,SHI P J,et al. Evaluation of ecological instream flow considering hydrological alterations in the Yellow River basin,China[J]. Global and planetary change,2018,160:61 - 74.

[63]HU W W,WANG G X,DENG W,et al. The influence of dams on ecohydrological conditions in the Huaihe River basin,China[J]. Ecological engineering,2008,33(3):233 - 241.

[64]LI D N,LONG D,ZHAO J S,et al. Observed changes in flow regimes in the Mekong River basin[J]. Journal of hydrology,2017,551:217 - 232.

[65]顾西辉,张强,孔冬冬,等. 基于多水文改变指标评价东江流域河流流态变化及其对生物多样性的影响[J]. 生态学报,2016,36(19):6079 - 6090.

[66]魏卿,薛联青,张敏,等. 淮河流域环境流变化及其对洪泽湖鱼类栖息地的生态影响[J]. 水资源保护,2019,35(4):89 - 94.

[67]李翀,彭静,廖文根. 长江中游四大家鱼发江生态水文因子分析及生态水文目标确定[J]. 中国水利水电科学研究院学报,2006,4(3):170 - 176.

[68]赵越,周建中,许可,等. 保护四大家鱼产卵的三峡水库生态调度研究[J]. 四川大学学报(工程科学版),2012,44(4):45 - 50.

[69]THARME R E. A global perspective on environmental flow assessment: emerging trends in the development and application of environmental flow methodolo-

gies for rivers[J]. River research and applications,2003,19(5/6):397 - 441.

[70]吕翠美,刘苗苗,王民,等. 基于四大家鱼生境需求的灌河生态需水过程研究[J]. 水利水电技术,2021,52(5):149 - 157.

[71]王娟娟. 梯级水电站发电优化调度研究[J]. 水利规划与设计,2016(6):93 - 95.

[72]张诚,周建中,王超,等. 梯级水电站优化调度的变阶段逐步优化算法[J]. 水力发电学报,2016,35(4):12 - 21.

[73]吴洪石. 澜沧江下游水库生态—发电多目标优化调度研究[D]. 西安:西安理工大学,2019.

[74]王建平,李发鹏,孙嘉. 我国生态流量管理实践探索[J]. 人民黄河,2018,40(11):78 - 81,87.

[75]董哲仁,张晶,赵进勇. 环境流理论进展述评[J]. 水利学报,2017,48(6):670 - 677.

[76]和志国,张华,暴路敏,等. 宁夏清水河流域生态水量确定及保障措施浅析[J]. 中国水利,2019(3):25 - 27.

[77]田巍. 宁夏引黄灌区重点湖泊生态需水量测算及再生水补水方案研究[J]. 中国农村水利水电,2018(12):45 - 49.

[78]MARSILI-LIBELLI S,GIUSTI E,NOCITA A. A new instream flow assessment method based on fuzzy habitat suitability and large scale river modelling[J]. Environmental modelling & software,2013,41:27 - 38.

[79]原文林,曲晓宁,张金萍,等. 电力市场环境下梯级水库发电优化调度预警系统构建[J]. 水力发电学报,2013,32(3):258 - 264.

[80]吴喜军,李怀恩,董颖,等. 基于基流比例法的渭河生态基流计算[J]. 农业工程学报,2011,27(10):154 - 159.

[81]LITTLE J D C. The use of storage water in a hydroelectric system[J]. Journal of the operations research society of America,1955,3(2):187 - 197.

[82]都金康,李罕,王腊春,等. 防洪水库(群)洪水优化调度的线性规划方法[J]. 南京大学学报(自然科学版),1995,31(2):301 - 310.

[83]罗强,宋朝红,雷声隆. 水库群系统非线性网络流规划法[J]. 武汉大学学报(工学版),2001(3):22 - 26.

[84]陈端,陈求稳,陈进.基于改进遗传算法的生态友好型水库调度[J].长江科学院院报,2012,29(3):1－6,12.

[85]OLIVEIRA R,LOUCKS D P. Operating rules for multireservoir systems [J]. Water resources research,1997,33(4):839－852.

[86]畅建霞,黄强,王义民.基于改进遗传算法的水电站水库优化调度[J].水力发电学报,2001(3):85－90.

[87]贾露.基于遗传蚁群算法的梯级水电站短期优化调度问题研究[D].武汉:湖北工业大学,2013.

[88]张翔宇,董增川,马红亮.基于改进多目标遗传算法的小浪底水库优化调度研究[J].水电能源科学,2017,35(1):65－68.

[89]范金骥.基于改进模拟退火遗传算法的梯级水电站长期优化调度[J].分布式能源,2017,2(4):20－28.

[90]黄艳,喻杉,罗斌,等.面向流域水工程防灾联合智能调度的数字孪生长江探索[J].水利学报,2022,53(3):253－269.

[91]王勇.基于动态二叉树的西江航运干线多梯级船闸链调度[J].水运工程,2021(3):159－163,190.

[92]刘彦哲,方国华,黄显峰,等.考虑不同生态需求层次的水电站水库生态调度研究[J].水力发电,2022,48(2):1－7,87.

[93]张越,张洁,刘星辰,等.基于指示物种的生态流量研究进展和展望[J].人民珠江,2020,41(7):95.

[94]NIU W,FENG Z,JIANG Z,et al. Enhanced harmony search algorithm for sustainable ecological operation of cascade hydropower reservoirs in river ecosystem [J]. Environmental research letters,2021,16(5).

[95]伍宁.一维圣维南方程组在非恒定流计算中的应用[J].人民长江,2001(11):16－19.

[96]ZALEWSKI M. Ecohydrology and hydrologic engineering:regulation of hydrology-biota interactions for sustainability[J]. Journal of hydrologic engineering,2015,20(1):1－46.

[97]FANAIAN S,GRAAS S,JIANG Y,et al. An ecological economic assessment of flow regimes in a hydropower dominated river basin:The case of the lower

Zambezi River, Mozambique[J]. Science of the total environment, 2015, 505: 464 - 473.

[98]黎小东,曹艳敏,王崇宇. 湘江干流四大家鱼产卵期生态水文情势变化分析[J]. 人民长江,2021,52(4):81-87.

[99]冯尚友. 水资源系统工程[M]. 武汉:湖北科学技术出版社,1991.

[100]刘攀,郭生练,李玮,等. 遗传算法在水库调度中的应用综述[J]. 水利水电科技进展,2006,26(4):78-83.

[101]史明礼,苏娅,乔丛林,等. 山区河道糙率变化规律浅析[J]. 水文,2000,20(2):19-22.

[102]MATHEWS R, RICHTER B D. Application of the indicators of hydrologic alteration software in environmental flow setting[J]. Journal of the American water resources association, 2007, 43(6): 1400-1413.

[103]涂晶晶,陈森林,艾学山,等. 河流生态流量特征图及生态流量评价方法[J]. 水资源保护,2015,31(1):99-105.

[104]刘乐和,吴国犀,曹维孝,等. 葛洲坝水利枢纽兴建后对青、草、鲢、鳙繁殖生态效应的研究[J]. 水生生物学报,1986,10(4):353-364.

[105]俞立雄. 长江中游四大家鱼典型产卵场地形及水动力特征研究[D]. 重庆:西南大学,2018.

[106]胡茂林,吴志强,刘引兰. 鄱阳湖湖口水域四大家鱼幼鱼出现的时间过程[J]. 长江流域资源与环境,2011,20(5):534-539.

[107]RICHTER B, BAUMGARTNER J, WIGINGTON R, et al. How much water does a river need? [J]. Freshwater biology, 1997, 37(1): 231-249.

[108]王宁,骆辉煌,杨青瑞,等. 基于 RVA 法的尼尔基水库下游水文变异分析[J]. 人民长江,2020,51(6):107-112.

[109]郑丙辉,张远,李英博. 辽河流域河流栖息地评价指标与评价方法研究[J]. 环境科学学报,2007,27(6):928-936.

[110]翟红娟. 纵向岭谷区水电工程胁迫对河流生态完整性影响的研究[D]. 北京:北京师范大学,2009.

[111]朱瑶. 大坝对鱼类栖息地的影响及评价方法述评[J]. 中国水利水电科学研究院学报,2005(2):100-103.

[112]马颖.长江生态系统对大型水利工程的水文水力学响应研究[D].南京:河海大学,2007.

[113] PETTS G. Impounded rivers: perspectives for ecological management [M]. New York: Wiley, chichebster, 1984.

[114]陈凯麒,陶洁.河流生物栖息地的生态水文学研究[J].水资源保护,2015,31(6):52-56,75.

[115]张志英,袁野.溪落渡水利工程对长江上游珍稀特有鱼类的影响探讨[J].淡水渔业,2001(2):62-63.

[116]戴仕宝,杨世伦,赵华云,等.三峡水库蓄水运用初期长江中下游河道冲淤响应[J].泥沙研究,2005(5):35-39.

[117]XU J X. Underlying gravel layers in a large sand bed river and their influence on downstream-dam channel adjustment[J]. Geomorphology, 1996, 17(4): 351-359.

[118]段学花,王兆印,程东升.典型河床底质组成中底栖动物群落及多样性[J].生态学报,2007(4):1664-1672.

[119]易雨君.长江水沙环境变化对鱼类的影响及栖息地数值模拟[D].北京:清华大学,2008.

[120]庞琼,王士军,倪小荣,等.世界已建高坝大库统计分析[J].水利水电科技进展,2012,32(6):34-37,59.

[121]高永胜.河流健康生命评价与修复技术研究[D].中国水利水电科学研究院,2006.

[122]班璇,李大美.大型水利工程对中华鲟生态水文学特征的影响[J].武汉大学学报(工学版),2007(3):10-13.

[123]NIXON S W. The Artificial Nile: the Aswan High Dam blocked and diverted nutrients and destroyed a Mediterranean fishery, but human activities may have revived it[J]. American scientist, 2004, 92(2): 158-165.

[124]赵进勇,董哲仁,孙东亚.河流生物栖息地评估研究进展[J].科技导报,2008(17):82-88.

[125]陈凯麒,李洋,陶洁.河流生物栖息地环境影响评价思考[J].环境影响评价,2015,37(3):1-5.

[126]曾红艳,方佩佩,黄瑞仙.城市河流污染物浅析[J].绿色科技,2017(14):45-46.

[127]易雨君,张尚弘.水生生物栖息地模拟方法及模型综述[J].中国科学(技术科学),2019,49(4):363-377.

[128]SMITH L M,NESTLERODE J A,HARWELL L C,et al. The areal extent of brown shrimp habitat suitability in Mobile Bay,Alabama,USA:targeting vegetated habitat restoration[J]. Environmental monitoring and assessment,2010,171(1/2/3/4):611-620.

[129]周上博,袁兴中,刘红,等.基于不同指示生物的河流健康评价研究进展[J].生态学杂志,2013,32(8):2211-2219.

[130]周景.应用大型底栖无脊椎动物和底栖硅藻评价水质的比较研究[D].南京:南京农业大学,2014.

[131]KELLY M G,PENNY C J,WHITTON B A. Comparative performance of benthic diatom indices used to assess river water quality[J]. Hydrobiologia,1995,302(3):179-188.

[132]WU J T. A generic index of diatom assemblages as bioindicator of pollution in the Keelung River of Taiwan[J]. Hydrobiologia,1999,397:79-87.

[133]ARMITAGE P D,MOSS D,WRIGHT J F,et al. The performance of a new biological water quality score system based on macroinvertebrates over a wide range of unpolluted running-water sites[J]. Water research,1983,17(3):333-347.

[134]STATZNER B,BIS B,DOLÉDEC S,et al. Perspectives for biomonitoring at large spatial scales:a unified measure for the functional composition of invertebrate communities in European running waters[J]. Basic and Applied Ecology,2001,2(1):73-85.

[135]SANDIN L,DAHL J,JOHNSON R K. Assessing acid stress in Swedish boreal and alpine streams using benthic macroinvertebrates[J]. Hydrobiologia,2004,516(1/2/3):129-148.

[136]卞锦宇,耿雷华,方瑞.河流健康评价体系研究[J].中国农村水利水电,2010(9):39-42.

[137]熊文,黄思平,杨轩.河流生态系统健康评价关键指标研究[J].人民长江,2010(12):7-12.

[138]王国胜,徐文彬,林亲铁,等.河流健康评价方法研究进展[J].安全与环境工程,2006,13(4):14-17.

[139]何兴军,李琦,宋令勇.河流生态健康评价研究综述[J].地下水,2011(2):63-66.

[140]贾蕊.赣江南昌段河流健康评价研究[D].南昌:南昌大学,2012.

[141]石瑞花,许士国.河流生物栖息地调查及评估方法[J].应用生态学报,2008,19(9):2081-2086.

[142]谭燕平,王玉蓉,李嘉,等.雅砻江锦屏大河湾减水河段中鱼类栖息地模拟研究[J].水电能源科学,2011,29(3):40-43.

[143]张文鸽,黄强,蒋晓辉.基于物理栖息地模拟的河道内生态流量研究[J].水科学进展,2008(2):192-198.

[144]马克明,孔红梅,关文彬,等.生态系统健康评价:方法与方向[J].生态学报,2001,12(12):2106-2116.

[145]JARA G C,XAVIER A,CARMEN R. Zooplankton species as indicators of trophic state in reservoirs from Mediterranean river basins[J]. Inland Waters,2019,9(1):113-123.

[146]NIBA A,SAKWE S. Turnover of benthic macroinvertebrates along the Mthatha River,Eastern Cape,South Africa:implications for water quality bio-monitoring using indicator species[J]. Journal of freshwater ecology,2018,33(1):157-171.

[147]TENNANT D L. Instream flow regimens for fish,wildlife,recreation and related environmental resources[J]. Fisheries,1976,1(4):6-10.

[148]牛红卫.大自然保护协会及在中国的行动[J].人民长江,2007,38(6):9-12.

[149]POFF N L R,MATTHEWS J H. Environmental flows in the Anthropocence:past progress and future prospects[J]. Current opinion in environmental sustainability,2013,5(6):667-675.

[150]李黎,王瑜,林岿璇,等.河流生态系统指示生物与生物监测:概念、方

法及发展趋势[J].中国环境监测,2018,34(6):26－36.

[151]刘双爽,陈诗越,姚敏,等.水生生物群落所揭示的湖泊水环境状况:以东平湖为例[J].应用与环境生物学报,2017,23(2):318－323.

[152] MARKERT B, WAPPELHORST O, WECKERT V, et al. The use of bioindicators for monitoring the heavy-metal status of the environment[J]. Journal of radioanalytical and nuclear chemistry,1999,240(2):425－429.

[153] HILTY J, MERENLENDER A. Faunal indicator taxa selection for monitoring ecosystem health[J]. Biological conservation,2000,92(2):185－197.

[154]张洁,计勇,麻夏,等.抚河干流浮游藻类群落调查及水质评价[J].湖北农业科学,2013(2):306－308,312.

[155]张洁,潜小兰,白承荣,等.信江干流浮游动物分布特征及水质评价[J].江西农业大学学报,2013,35(6):1353－1358.

[156]熊春晖,张瑞雷,季高华,等.江苏滆湖大型底栖动物群落结构及其与环境因子的关系[J].应用生态学报,2016,27(3):927－936.

[157]戴凌全,王煜,戴会超,等.金沙江下游向家坝水库不同出库流量对四大家鱼生境面积影响的定量分析[J].环境科学研究,2021,34(7):1710－1718.

[158]徐薇,杨志,陈小娟,等.三峡水库生态调度试验对四大家鱼产卵的影响分析[J].环境科学研究,2020,33(5):1129－1139.

[159]周雪,王珂,陈大庆,等.三峡水库生态调度对长江监利江段四大家鱼早期资源的影响[J].水产学报,2019,43(8):1781－1789.

[160] WOOTTON R J. Ecology of teleost fishes[M]. London: Chapman and Hall,2012.

[161]李洋.筑坝河流鱼类产卵生态流量研究:以锦屏大河湾为例[D].北京:中国水利水电科学研究院,2019.

[162]刘悦忆,朱金峰,赵建世.河流生态流量研究发展历程与前沿[J].水力发电学报,2016,35(12):23－34.

[163]计勇,张洁,樊后保,等.赣江中下游浮游藻类群落结构与水质评价[J].中国农村水利水电,2012(5):28－31.

[164] RICHTER B D, BAUMGARTNER J V, BRAUN D P, et al. A spatial assessment of hydrologic alteration within a river network[J]. River research and appli-

cations,1998,14(4):329 - 340.

[165]CONSERVANCY N. Indicators of hydrologic alteration. Version 7. User's manual[M]. Washington:The Nature Conservancy,2007.

[166]王睿照,张利权. 水位调控措施治理互花米草对大型底栖动物群落的影响[J]. 生态学报,2009,29(5):2639 - 2645.

[167]潘扎荣,阮晓红,徐静. 河道基本生态需水的年内展布计算法[J]. 水利学报,2013,44(1):119 - 126.

[168]韦雨婷,逄勇,罗缙. 清河干流生态基流计算分析[J]. 水资源与水工程学报,2014(6):151 - 155.

[169]MATTHEWS R C,BAO Y. The Texas method of preliminary instream flow determination[J]. Rivers,1991,2(4):295 - 310.

[170]朱才荣,张翔,穆宏强. 汉江中下游河道基本生态需水与生径比分析[J]. 人民长江,2014,45(12):10 - 15.

[171]王金星,郭生练,李池清,等. 白山发电厂水库调度综合自动化系统[J]. 武汉大学学报(工学版),2003,36(2):53 - 57.

[172]马黎,冶运涛. 梯级水库群联合优化调度算法研究综述[J]. 人民黄河,2015,37(9):126 - 132.